Strenge Untersuchungen am Rhombenfachwerk

von

Dr.-Ing. Paul Christiani
Privatdozent an der Technischen Hochschule
Aachen

Mit 17 Textabbildungen
und 18 Zahlentafeln

Berlin
Verlag von Julius Springer
1929

ISBN-13: 978-3-642-98746-5   e-ISBN-13: 978-3-642-99561-3
DOI: 10.1007/978-3-642-99561-3

Alle Rechte, insbesondere das der Übersetzung
in fremde Sprachen, vorbehalten.

Vorwort.

Bei zahlreichen Wettbewerben über Stahlbrücken und bei Ausführungen der letzten Jahre tritt deutlich das Bestreben hervor, neben den jahrzehntelang bevorzugten einteiligen Fachwerken, den Dreieckfachwerken, auch wieder mehrteilige Systeme, im besonderen aber zweiteilige, einzuführen. Unter diesen sind es vornehmlich die sogenannten Rhombenfachwerke, die wegen ihrer guten ästhetischen Wirkung besonders beliebt sind. Den Bestrebungen, diesen Systemen wieder größere Geltung zu verschaffen, stehen entgegen die Unklarheit über die statischen Verhältnisse überhaupt, sowie die weit verbreitete Meinung über ein ungünstiges statisches Verhalten, das entweder eine Verringerung der Sicherheit bedingt, oder aber zu reichlicher Bemessung führt und damit das System unwirtschaftlich gestaltet. Diese Meinung gründet sich jedoch nur auf sehr grobe Näherungsberechnungen, die außerdem von ganz falschen Voraussetzungen ausgehen.

Die hier noch klaffende große Lücke in der Kenntnis des statischen Verhaltens einer wichtigen Brückenart hat Veranlassung zur vorliegenden Abhandlung gegeben, in der eine genaue statische Untersuchung des Rhombenfachwerks vorgenommen wird. Die Einflußlinien für sämtliche statischen Größen werden ermittelt und es werden dabei durch Gegenüberstellung der richtigen Werte mit den bisher für hinreichend genau gehaltenen Zahlen wichtige Erkenntnisse über die Zuverlässigkeit der üblichen Berechnungsverfahren erlangt. Ferner läßt sich aus den genauen Ergebnissen leicht ersehen, daß den Rhombenfachwerken ein besonders ungünstiges statisches Verhalten im Vergleich mit anderen Brücken nicht zugeschrieben werden darf.

Der Deutsche Stahlbau-Verband hat mich bei der Ermöglichung der Drucklegung dieser Abhandlung wirksam unterstützt. Es ist mir ein Bedürfnis, ihm hierfür an dieser Stelle zu danken.

Aachen, im Juni 1929.

Der Verfasser.

Inhaltsverzeichnis.

	Seite
I. Allgemeiner Überblick	1
II. Berechnung eines Rhombenfachwerks als 72-fach statisch unbestimmtes Stabwerk	6
a) Wahl des Hauptsystems	6
b) Die zu untersuchenden Belastungsfälle	7
c) Aufstellung der Elastizitätsgleichungen	9
1. Die von der Belastung unabhängigen Vorzahlen	9
2. Die Belastungsglieder	11
d) Die Auflösung der Elastizitätsgleichungen	36
e) Die Einflußlinien für die Stabmomente	37
f) Die Einflußlinien für die Normalkräfte	38
g) Die Einflußlinien für die Spannungen	45

Berichtigung.

Auf Seite 11, Zeile 19 von oben lies „abhängigen" statt „unabhängigen".
Auf Seite 42, Zeile 15 von unten lies „276" statt „270".
Anf Seite 52, Zeile 3 der ersten Zahlentafel lies „0,36" statt „0,30".

I. Allgemeiner Überblick.

Die vorliegende Abhandlung befaßt sich mit einem zweiteiligen Fachwerk, einem sogenannten Rhombenfachwerk. Mehrteilige Fachwerke wurden als Brückensysteme vor mehreren Jahrzehnten vielfach ausgeführt, dann aber durch die einteiligen Fachwerke, dies sind die Systeme mit Dreieckausfachung, vollkommen verdrängt. Von wesentlichem Einfluß waren bei dieser Umstellung die Untersuchungen namhafter Wissenschaftler, die ein sehr ungünstiges statisches Verhalten der mehrteiligen, besonders aber der zweiteiligen Fachwerke nachzuweisen suchten. Sehr hohe Nebenspannungen und ständiger Vorzeichenwechsel der Randspannungen bei Belastung der Brücke durch eine sich bewegende Last wurden ihnen zugeschrieben. Nun ist in jüngster Zeit das Rhombenfachwerk im deutschen Brückenbau wieder in Erscheinung getreten. Neben mehreren ernst zu nehmenden Vorschlägen in großen Wettbewerben liegt auch eine hervorragende Ausführung vor, die neue Eisenbahnbrücke über den Rhein bei Wesel[1]. Den Anstoß zur Wiedereinführung der Rhombenfachwerke mag die Erkenntnis ihrer guten ästhetischen Wirkung gegeben haben. Ferner zeigte sich, daß auch in wirtschaftlicher Hinsicht ein Wettbewerb mit Dreieckfachwerken möglich ist. Die Frage des statischen Verhaltens der Rhombenfachwerke jedoch ist auch heute noch sehr umstritten. Einige Fachleute vertreten die Ansicht, daß die zweiteiligen Fachwerke unter allen Brückensystemen die verwerflichste Trägerart darstellen, während andererseits die Wettbewerbe der letzten Zeit und die Ausführung der Weseler Brücke zeigen, daß Fachkreise vorhanden sind, die diese Auffassung nicht teilen. Vorliegende Abhandlung soll einen Beitrag zu der noch nicht hinreichend geklärten Frage des statischen Verhaltens der Rhombenfachwerke liefern.

Den eigentlichen Untersuchungen der Arbeit soll ein kurzer geschichtlicher Abriß der bisherigen Arbeiten über zweiteilige Fachwerke vorausgeschickt werden.

Die ersten Berechnungen der Nebenspannungen eines zweiteiligen Fachwerkes wurden von Prof. Winkler angestellt[2]. Wie bei allen anderen Nebenspannungsverfahren wird auch in seinen Berechnungen die Annahme zugrunde gelegt, daß die Verformung des Fachwerks mit gelenkigen Knoten nur unwesentlich von der wirklichen Verformung abweicht. In sehr ausführlichen Betrachtungen geht er von dem einfachen Fall der starren Verbindung zweier Stäbe zum Fall der Kontinuität einer ganzen Gurtung und schließlich zur Lösung eines ganzen steifknotigen Rhombenfachwerks über. Er errechnet für die Rhombenfachwerke wesentlich höhere Nebenspannungen als für die Dreieckfachwerke.

---

[1] Krabbe: Die Erneuerung der eisernen Überbauten der Eisenbahnbrücke über den Rhein bei Wesel. Bautechn. 1927, S. 662 und 686.

[2] Winkler: Theorie der Brücken, 1881, Kap. XVI., Einfluß fester Verbindungen.

Sehr eingehend befaßte sich 20 Jahre später Prof. Patton, Moskau, mit den zweiteiligen Fachwerken[1]. Neben dem Wunsche, auf Grund zahlreicher zahlenmäßiger Ergebnisse einfache Gebrauchsformeln zur schnellen Abschätzung der Nebenspannungen aufzustellen, leitete ihn in der Hauptsache das Bestreben, die Nachteile der bis zu dieser Zeit sehr beliebten Doppelfachwerkträger mit gegen die Mitte fallenden Streben (Abb. 1) ziffernmäßig nachzuweisen. Er hat zum ersten Male Einflußlinien für die Nebenspannungen gezeichnet. Aus seinem sehr umfangreichen Zahlenmaterial sind in Abb. 1 zwei Einflußlinien wiedergegeben. An Hand dieser und vieler ähnlicher Kurven veranschaulicht er die außerordentliche Größe und den ungünstigen Vorzeichenwechsel der Nebenspannungen. Er führte seine Berechnungen mit dem Mohrschen Verfahren durch[2].

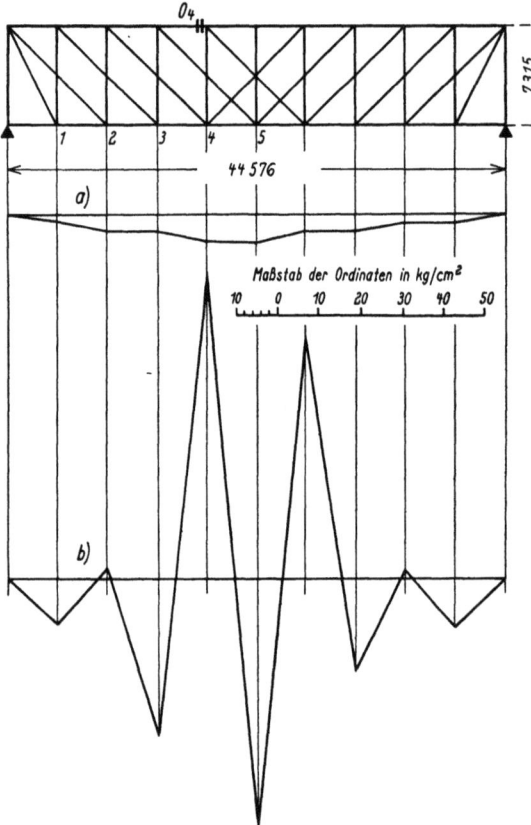

Abb. 1. Einflußlinien für die Spannungen im Stabe O_4:
a) für die Normalspannung in O_4,
b) für die Nebenspannung rechts unten in O_4.

Auf den Berechnungen und Ergebnissen Pattons fußt Prof. Hartmann[3], der in zwei Abhandlungen über Nebenspannungen auf die Verwerflichkeit der zweiteiligen Fachwerke zu sprechen kommt. Er ordnet die praktisch in Betracht kommenden 13 verschiedenen Brückensysteme nach ihrer Güte, wobei die zweiteiligen Fachwerke an 12. und 13. Stelle zu stehen kommen, also am ungünstigsten von allen Brückenarten beurteilt werden. Er führt in diesem Zusammenhang als Beweismittel die in Abb. 1 wiedergegebenen Einflußlinien Pattons an.

Ungefähr in die gleiche Zeit wie die Untersuchungen Hartmanns fallen die sehr bedeutenden Arbeiten der „Technischen Kommission des Verbandes

---

[1] Patton: Beitrag zur Berechnung der Nebenspannungen infolge starrer Knotenverbindungen bei Brückenträgern. Z. Arch. Ing.-Wes. 1902, S. 418.

[2] Mohr: Die Berechnung der Fachwerke mit starren Knotenverbindungen. Ziviling. 1892, S. 578.

[3] Hartmann: Über die Erhöhung der zulässigen Materialinanspruchnahme eiserner Brücken. Z. öst. Ing.-V. 1919; Die großen Arbeiten der Schweizer Brückenbauingenieure auf dem Gebiet der Nebenspannungen. Z. öst. Ing.-V. 1923.

Schweizer Brückenbau- und Eisenhochbaufabriken (T.K.V.S.B.)"[1]. Von dieser Kommission wurde in den Jahren 1917 bis 1922 durch Spannungsmessungen an 14 Brücken die Größe der Nebenspannungen verfolgt und rechnerisch nach-

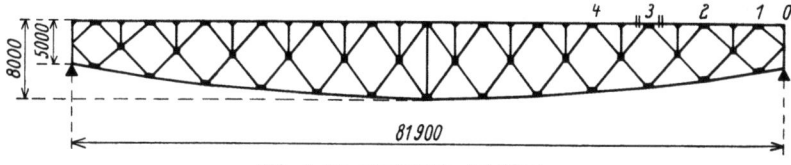

Abb. 2. Die Rheinbrücke bei Thusis.

geprüft. Die Ergebnisse der Messungen stimmten mit den durch Nebenspannungsberechnung gefundenen Werten sehr gut überein. Eine Ausnahme bildete jedoch ein Rhombenfachwerk, die Rheinbrücke bei Thusis (Abb. 2), bei der sich große Unterschiede zwischen den gemessenen und gerechneten Werten zeigten (Abb. 3).

Die Unstimmigkeiten zwischen den Ergebnissen von Messung und Rechnung werden in einer Abhandlung des Verfassers, die ihr Entstehen einer Anregung von Prof. Domke, Aachen, verdankt, eingehend behandelt und aufgeklärt[2]. In der Arbeit wird zahlenmäßig an einem Rhombenfachwerk nachgewiesen, daß die dem Mohrschen Verfahren zugrunde liegende Annahme des unbedeutenden Einflusses der Stabmomente auf die Tragwerksverformung nicht zulässig ist und daß daher das Verfahren stark divergiert. Bei Durchrechnung des Systems für den Belastungsfall einer Einzellast in Brückenmitte wird gezeigt, daß die Nebenspannungen sich wesentlich günstiger verhalten als es nach einem der üblichen Näherungsverfahren erscheint.

Die Richtigkeit der in dieser Arbeit gezogenen Schlüsse auf ein verhältnismäßig günstiges Verhalten der Rhombenfachwerke, die schon in den Messungen an der Brücke bei Thusis eine Bestätigung gefunden hatten, wurde schlagend erwiesen durch die Beobachtungen an der neuen Weseler Brücke[3]. Abb. 4 gibt die errechnete und die gemessene Biegelinie des Untergurtes einer Brückenöffnung bei Belastung

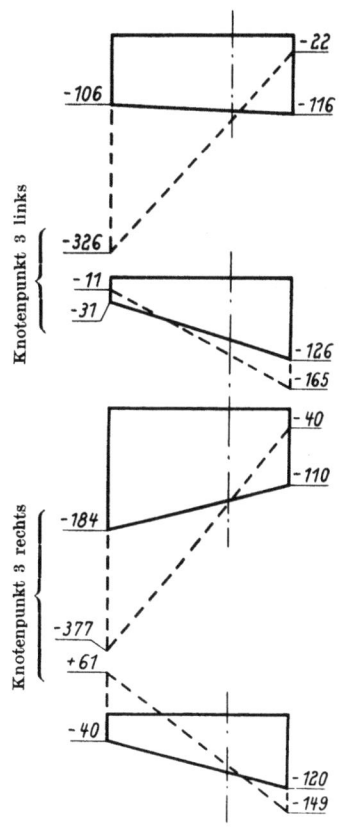

Abb. 3. Haupt- und Nebenspannungen bei Knotenpunkt 3 bei 2 verschiedenen Laststellungen.
—— wirklich gemessene Spannungen,
······ gerechnete Spannungen.

---

[1] Bericht der T.K.V.S.B.: Nebenspannungen infolge vernieteter Knotenpunktsverbindungen eiserner Fachwerksbrücken. Juni 1922.
[2] Christiani: Beitrag zur Theorie der mehrteiligen Fachwerke. Diss. Aachen 1926.
[3] Die Messungsergebnisse wurden mir in dankenswerter Weise von Herrn Reichsbahnoberrat Krabbe zur Verfügung gestellt.

mit einer Einzellast im Punkte 6 wieder. Es zeigen sich hier zwischen Rechnung und Messung ganz ähnliche Unterschiede wie in der erwähnten Arbeit des Ver-

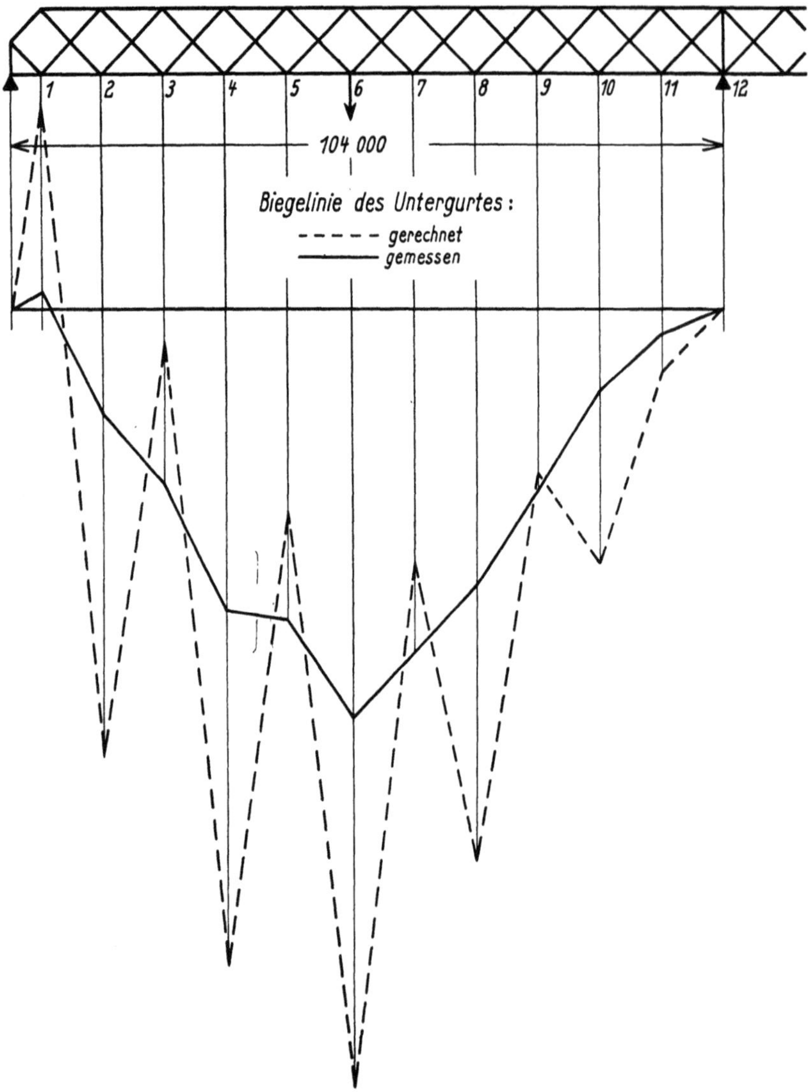

Abb. 4.

fassers zwischen den Ergebnissen der Näherungsuntersuchung nach Mohr und den Ergebnissen der genauen Rahmenberechnung.

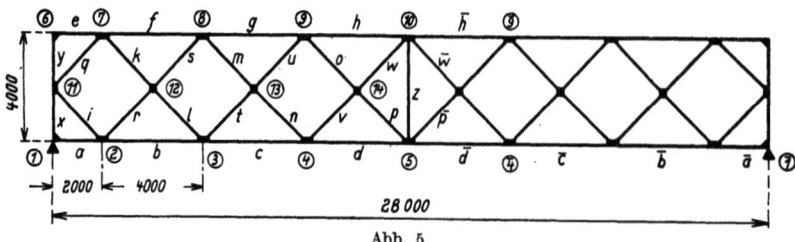

Abb. 5.

Zu den in diesem kurzen Überblick geschilderten bisherigen Untersuchungen und Beobachtungen an zweiteiligen Fachwerken soll in vorliegender Arbeit ein Beitrag dadurch geliefert werden, daß die genauen Einflußlinien eines als Rahmentragwerk berechneten Rhombenfachwerks für alle statischen Größen ermittelt werden. Leider ist man bei den heute bekannten Verfahren noch gezwungen, bestimmte Einzelfälle zahlenmäßig zu untersuchen, bei denen man erst nach langwieriger Rechnung ein Ergebnis erhält, das ein Urteil erlaubt. Durch Untersuchung von zahlreichen Sonderfällen muß versucht werden, zu weiterer Erkenntnis und zu allgemein gültigen Regeln zu kommen.

Es sollen nun die Gründe dargelegt werden, die zur Wahl des zu berechnenden Tragwerks (Abb. 5 und 6.) geführt haben. Die Länge der Brücke ist so gewählt, daß die strenge Berechnung gerade noch im Bereich der praktischen Möglichkeit liegt. Sie ist als zweigleisige Eisenbahnbrücke mit untenliegender Fahrbahn für Lastenzug „N" der D.R.G. berechnet worden. Bei der Bemessung der Querschnitte wurde nicht einfach nach den Konstruktionsregeln verfahren, die für Dreieckfachwerke in Gebrauch sind, sondern es wurde dem statischen Verhalten der Rhombenfachwerke dadurch Rechnung getragen, daß die in den Gurten erforderliche Eisenmenge so angeordnet wurde, daß ein verhältnismäßig großes Trägheitsmoment entstand. Damit sind sicher am ehesten die in der Praxis herrschenden Verhält-

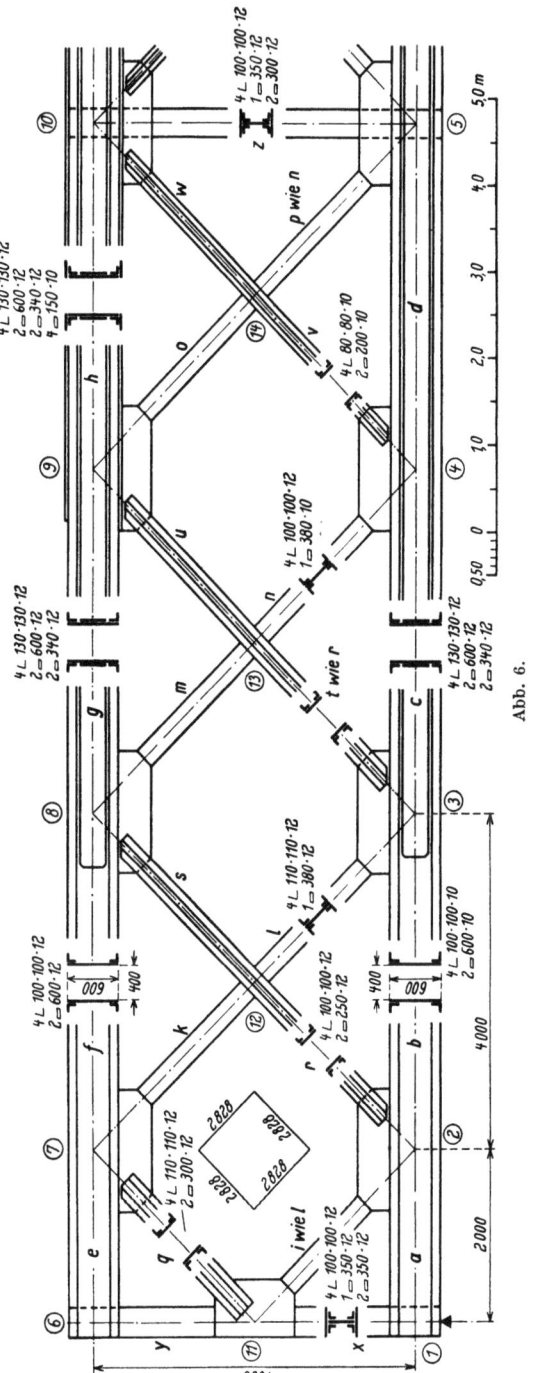

Abb. 6.

nisse gewählt, denn ein guter Konstrukteur wird immer die Materialmenge, die er ohnehin zur Aufnahme der Normalkraft benötigt, möglichst vorteilhaft verteilen. Der hohe Querschnitt bietet ferner den Vorteil des leichteren Anschlusses der Füllungsstäbe, unter Umständen sogar Ersparung der Knotenbleche. Daß auch in den Gurten Querschnitte gewählt wurden, die auch bezüglich der x-Achse symmetrisch sind, hat seinen Grund lediglich in der dadurch erzielten Vereinfachung der Rechnung.

Auf die Erfassung zahlreicher Nebenumstände, die die Ergebnisse nur günstiger gestalten könnten, wird im Hinblick auf eine möglichste Klarheit der Untersuchung verzichtet. Es wird also nicht berücksichtigt, daß eigentlich die theoretischen Stablängen bei Errechnung der Randspannungen auf die zwischen den Knotenblechen frei vorhandenen Längen zurückgeführt werden müßten, daß ferner exzentrische Anschlüsse vorhanden sein können, daß der Fahrbahnrost lastverteilend wirkt und daß schließlich auch die Windverbände Einfluß auf die Nebenspannungen haben.

II. Berechnung eines Rhombenfachwerks als 72 fach statisch unbestimmtes Stabwerk.

a) Wahl des Hauptsystems.

Der zu untersuchende Träger ist in Abb. 5 (siehe S. 4) mit allen Bezeichnungen dargestellt. Die für Lastenzug „N" der D.R.G. bemessenen Stabquerschnitte sowie alle sonstigen Festwerte sind aus Abb. 6 (siehe S. 5) und Zahlentafel 1 zu entnehmen. Hier ist unter J das für die Verbiegung in der Trägerebene maßgebende

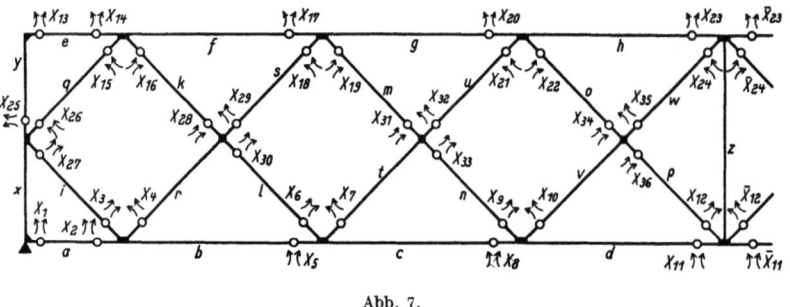

Abb. 7.

Trägheitsmoment angegeben, d. i. J_x mit Ausnahme der Stäbe $i, k, l, m, n, o, p, x, y, z$. Bei n geschlossenen Rahmen ist der Träger $3n$ fach, also im vorliegenden Falle 72 fach, innerlich statisch unbestimmt. Als statisch bestimmtes Hauptsystem wird das Fachwerk mit gelenkigen Knoten gewählt[1], und als statisch unbestimmte Größen werden die Stabendmomente eingeführt (Abb. 7). Man hat bei dieser Wahl im Hauptsystem gerade alle diejenigen statischen Größen, die man in der Regel als richtige Endergebnisse betrachtet, und die Rahmenberechnung

---

[1] An Dreieckfachwerken sind ähnliche Untersuchungen schon von Pirlet (Eisenbau 1912, S. 203 und 245) vorgenommen worden.

Zahlentafel 1.

Stab	1 s cm	2 F cm²	3 J cm⁴	4 e cm	5 W cm³	6 $\frac{J}{s}$ cm³
a	200	197	93444	30,0	3115	467,220
b	400	197	93444	30,0	3115	233,610
c	400	346	136330	30,0	4540	340,825
d	400	346	136330	30,0	4540	340,825
e	200	235	110712	30,0	3690	553,560
f	400	235	110712	30,0	3690	276,780
g	400	346	136330	30,0	4540	340,825
h	400	406	190930	30,0	6370	477,325
i	283	146	2532	11,6	218	8,96
k	283	146	2532	11,6	218	8,96
l	283	146	2532	11,6	218	8,96
m	283	129	1878	10,5	179	6,64
n	283	129	1878	10,5	179	6,64
o	283	129	1878	10,5	179	6,64
p	283	129	1878	10,5	179	6,64
q	283	172	20618	15,0	1375	72,80
r	283	151	12321	12,5	985	43,50
s	283	151	12321	12,5	985	43,50
t	283	151	12321	12,5	985	43,50
u	283	151	12321	12,5	985	43,50
v	283	100	5227	10,0	523	18,50
w	283	100	5227	10,0	523	18,50
x	200	217	10515	17,5	602	52,575
y	200	217	10515	17,5	602	52,575
z	400	205	7340	15,0	490	18,350

liefert nunmehr die Verbesserungen, deren Zuschlag zu den Werten des Gelenkfachwerks erst die richtigen statischen Größen ergibt. Als Vorzeichenregel für die Stabmomente soll gelten, daß positive Biegungsmomente dann vorliegen, wenn in den in Abb. 8 gestrichelten Seiten Zug auftritt.

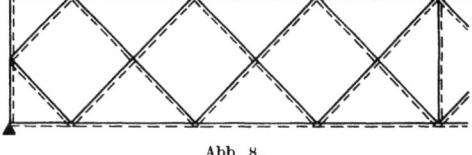

Abb. 8.

b) Die zu untersuchenden Belastungsfälle.

Das Ziel der Untersuchung ist die Ermittlung der Einflußlinienordinaten sämtlicher statischer Größen des Tragwerks. Entgegen dem sonst gebräuchlichen Verfahren wird im vorliegenden Falle als zweckmäßigster Weg der im folgenden geschilderte eingeschlagen. Es werden für die vier Belastungsfälle

Einzellast 1 t im Punkte 2 („Belastungsfall 2")
„ 1 t „ „ 3 „ 3
„ 1 t „ „ 4 „ 4
„ 1 t „ „ 5 „ 5

alle statischen Größen ermittelt. Hiermit hat man die Einflußlinienordinaten in den Punkten 2 bis 5 erhalten. Aus den Belastungsfällen 2, 3 und 4 ergeben sich ferner die Werte der Ordinaten in den Punkten $\overline{2}, \overline{3}$ und $\overline{4}$. Denn es ist z. B. eine Stabkraft S infolge Belastung mit 1 t im Punkte $\overline{2}$ genau so groß wie die Stabkraft $\overline{S}$ bei Belastung mit 1 t im Punkte 2. Es genügt also zur Erreichung des oben genannten Zieles die Untersuchung der vier angegebenen Belastungsfälle. Bei Belastungsfall 5 wird durch die Symmetrie von System und Belastung die

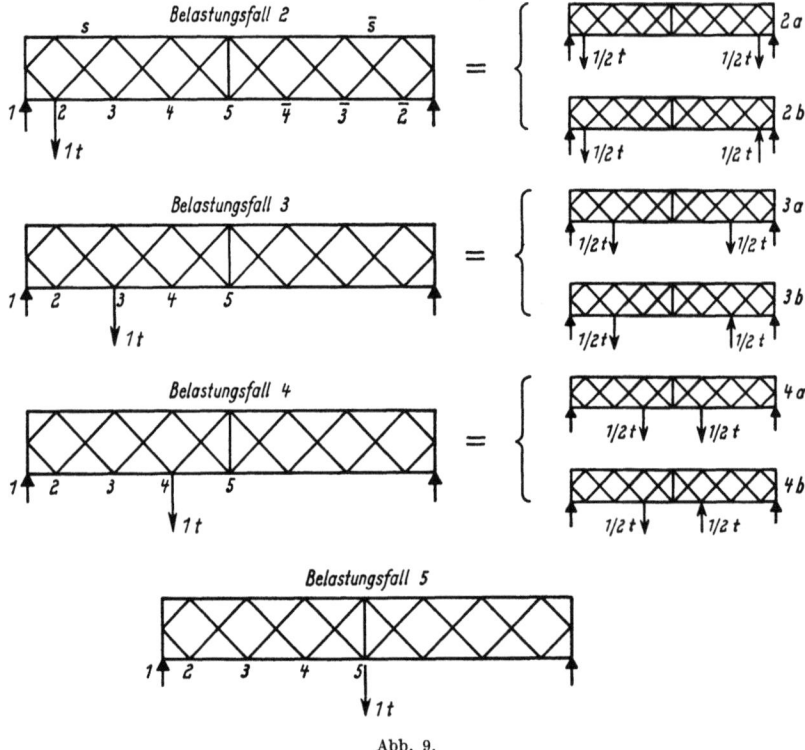

Abb. 9.

Anzahl der Unbekannten auf die Hälfte, also auf 36, ermäßigt. Bei Behandlung der unsymmetrischen Belastungsfälle liegt es nahe, das Verfahren der „Belastungsumordnung" anzuwenden, wie Andrée es für symmetrische Tragwerke vorschlägt[1]. Dies bedeutet, daß jeder Belastungsfall zerlegt wird in deren zwei, und zwar einen symmetrischen (a) und einen antisymmetrischen (b) (Abb. 9). Im ganzen sind also bei diesem Vorgehen vier symmetrische, nämlich 2a, 3a, 4a und 5, und drei antisymmetrische Belastungsfälle, nämlich 2b, 3b und 4b zu untersuchen. Bei sämtlichen sieben Belastungsfällen liegen nur 36 Unbekannte vor, da auch bei den antisymmetrischen Belastungsfällen zwei symmetrisch zueinander liegende statische Größen gleich groß sind und sich nur durch entgegengesetztes Vorzeichen voneinander unterscheiden.

---

[1] Andrée: Das B-U-Verfahren. Oldenburg 1919.

c) Aufstellung der Elastizitätsgleichungen[1].

Zur Ermittlung der 36 Unbekannten ist die Aufstellung und Auflösung von 36 Elastizitätsgleichungen erforderlich.

1. Die von der Belastung unabhängigen Vorzahlen der Unbekannten sind für alle symmetrischen und auch alle unsymmetrischen Belastungsfälle gleich. Es sind daher nur zwei Systeme von Vorzahlen, die von der Belastung unabhängig sind, zu bestimmen. Zu ihrer Ermittlung führt die auf Grund des Prinzips der virtuellen Verschiebungen geltende Beziehung, wenn man EJ_c fache Werte bildet:

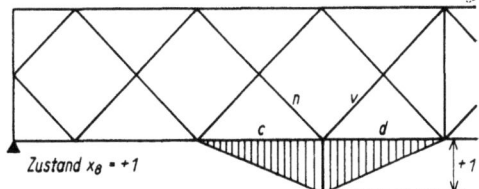

$$EJ_c \delta_{ik} = \int M_i M_k ds \frac{J_c}{J}$$

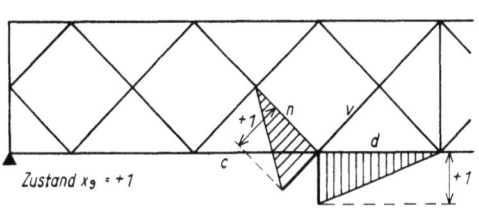

$$+ i_c^2 \int N_i N_k ds \frac{F_c}{F}$$

$$+ i_c^2 \int \varkappa \frac{E}{G} Q_i Q_k ds \frac{F_c}{F}.$$

Zur Bestimmung der Ausdrücke

$$\int M_i M_k ds \frac{J_c}{J},$$

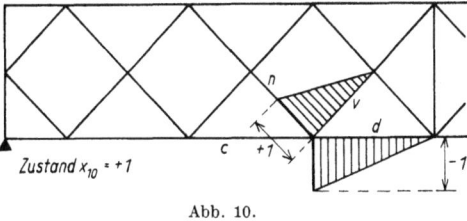

Abb. 10.

die den Einfluß der Momente auf die Verschiebungen δ_{ik} darstellen, sind die Momentenflächen der Zustände $X = +1$ zu ermitteln. In Abb. 10 sind als Beispiel die Momentenflächen für die Zustände $X_8 = +1$, $X_9 = +1$ und $X_{10} = +1$ wiedergegeben. Auf die Angabe aller Zustände kann im Rahmen dieser Arbeit verzichtet werden. Ferner sind zu ermitteln die Ausdrücke

$$i_c^2 \int N_i N_k ds \frac{F_c}{F},$$

die den Einfluß der Normalkräfte auf die Verschiebungen wiedergeben. Da die Werte N hier Stabkräfte eines Gelenkfachwerks sind, kann man schreiben:

$$i_c^2 \sum S_i S_k s \frac{F_c}{F}.$$

Zur Ausrechnung dieser Ausdrücke sind für alle Zustände $X = +1$ die Stabkräfte zu ermitteln. Eine Eigenart des Rhombenfachwerks ist es, daß der Ein-

---

[1] In diesem Teil muß zum besseren Verständnis einiges in Kürze wiederholt werden, was schon ausführlicher in der auf S. 3 erwähnten Dissertation gesagt wurde.

fluß eines Zustandes $X = +1$ sich scherenförmig bis zum Mittelpfosten fortpflanzt. Daher wird der Beitrag der Normalkräfte zu den δ_{ik} verhältnismäßig groß. Als Beispiel sind die Zustände $X_2 = +1$ und $X_3 = +1$ in Abb. 11 dargestellt. Die ausgezogenen Stäbe sind unter Spannung, die gestrichelten spannungslos. In Zahlentafel 2 sind die Stabkräfte eingetragen, aus denen durch entsprechende Produkt- und Summenbildung der gesuchte Wert $i_c^2 \sum S_i S_k s \frac{F_c}{F}$ gefunden wird.

Diese Rechnung muß für sämtliche δ_{ik} durchgeführt werden.

Der Beitrag der Querkräfte ist gegenüber den beiden eben besprochenen Einflüssen sehr klein. Die Querkraft infolge eines Zustandes $X_i = +1$ hat lediglich auf die Länge zweier angrenzender Stäbe einen Wert, nämlich $\pm \frac{1}{s}$.

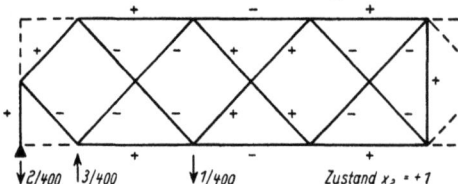
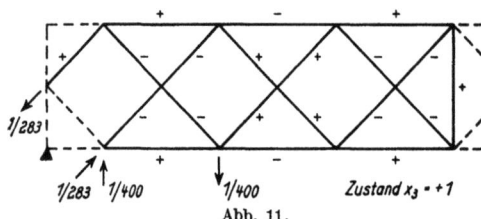

Abb. 11.

Zahlentafel 2.

Stab	$s\frac{F_c}{F}$ $F_c = 346$ cm² cm	$1000\, S_2$	$1000\, S_3$	$10^6 \cdot S_2 S_3 \cdot s\frac{F_c}{F}$
a	351	—	—	—
b	702	+ 2,5	+ 2,5	+ 4400
c	400	− 5	− 5	+ 10000
d	400	+ 5	+ 5	+ 10000
e	294	—	—	—
f	588	+ 5	+ 5	+ 14700
g	400	− 5	− 5	+ 10000
h	342	+ 5	+ 5	+ 8550
i	670	− 3,54	—	—
k	670	− 3,54	− 3,54	+ 8370
l	670	− 3,54	− 3,54	+ 8370
m	758	+ 7,07	+ 7,07	+ 37900
n	758	+ 7,07	+ 7,07	+ 37900
o	758	− 7,07	− 7,07	+ 37900
p	758	− 7,07	− 7,07	+ 37900
q	570	+ 3,54	+ 3,54	+ 7120
r	650	− 7,07	− 7,07	+ 32500
s	650	− 7,07	− 7,07	+ 32500
t	650	+ 7,07	+ 7,07	+ 32500
u	650	+ 7,07	+ 7,07	+ 32500
v	980	− 7,07	− 7,07	+ 49000
w	980	− 7,07	− 7,07	+ 49000
x	319	+ 5	—	—
y	319	—	—	—
z	675	+ 5	+ 5	+ 16900

Hieraus erkennt man sofort die Geringfügigkeit dieses Einflusses, von dessen Berücksichtigung abgesehen werden kann.

Es ist zu beachten, daß eine zu X symmetrisch liegende statisch unbestimmte Größe $\bar{X}$ beim symmetrischen Belastungsfalle $= + X$ und beim antisymmetrischen Belastungsfalle $= - X$ ist. Die Vorzahlen der $\bar{X}$ sind mit diesem Vorzeichen zu denen der X zu addieren, wenn man in jedem Falle sofort nur 36 Unbekannte anschreiben will. Dies ist besonders beim Anteil der Normalkräfte zu beachten, denn die meisten symmetrischen Zustände setzen den Mittelpfosten unter Spannung, so daß dadurch kleine Zuschläge zu den Vorzahlen der X kommen. Alle in der geschilderten Weise ermittelten Vorzahlen sind in folgenden 6 Zahlentafeln zusammengestellt:

			infolge	Belastungsfall
Zahlentafel	3	(Seite 12 bis 15) $6\,EJ_c$ fache δ_{ik}	Momente	symmetrisch
„	4	(„ 16 „ 19) $6\,EJ_c$ fache δ_{ik}	Momente	antisymmetrisch
„	5	(„ 20 „ 23) $6\,EJ_c$ fache δ_{ik}	Normalkräfte	symmetrisch
„	6	(„ 24 „ 27) $6\,EJ_c$ fache δ_{ik}	Normalkräfte	antisymmetrisch
„	7	(„ 28 „ 31) $6\,EJ_c$ fache δ_{ik}	Mom. + Normalkräfte	symmetrisch
„	8	(„ 32 „ 35) $6\,EJ_c$ fache δ_{ik}	Mom. + Normalkräfte	antisymmetrisch

2. Die Belastungsglieder. Für die Belastungsglieder der Elastizitätsgleichungen d. h. für die von der Belastung unabhängigen Glieder, gilt die Beziehung:

$$EJ_c\,\delta_{mi} = \int M_{om} M_i\,ds\,\frac{J_c}{J} + i_c^2 \int N_{om} N_i\,ds\,\frac{F_c}{F} + i_c^2 \int \varkappa\,\frac{E}{G} Q_{om} Q_i\,ds\,\frac{F_c}{F}.$$

Da die Lasten immer in den Knotenpunkten wirken, verschwinden hierin das erste und das dritte Glied. Bei den Werten N handelt es sich wiederum um Stabkräfte eines Gelenkfachwerks. Die Gleichung nimmt daher die Form an:

$$6\,EJ_c\,\delta_{mi} = 6\,i_c^2 \sum S_{om} S_i\,s\,\frac{F_c}{F}.$$

Die Erweiterung der Gleichung mit 6 ist erforderlich, weil bei Ermittlung der von der Belastung unabhängigen Vorzahlen wegen Vereinfachung der Rechnung die $6\,EJ_c$ fachen Werte gebildet wurden. Die zur Errechnung dieser Ausdrücke erforderlichen Stabkräfte S_0, die aus Kräfteplänen gefunden werden, sind in Zahlentafel 9 (siehe S. 36) zusammengestellt. Durch Produkt- und Summenbildung werden die Zahlenwerte für $\sum S_{om} S_i\,s\,\frac{F_c}{F}$ gefunden. Diese sind aus Zahlentafel 10 (siehe S. 37) ersichtlich. In beiden Zahlentafeln sind wieder durch den Zeiger a die symmetrischen und durch den Zeiger b die antisymmetrischen Belastungsfälle gekennzeichnet. Aus Zahlentafel 10 werden durch Erweiterung mit $6\,i_c^2 = 6 \cdot 394{,}0173 = 2364{,}104$ die in Zahlentafel 11 (siehe S. 38) zusammengestellten Werte $6\,EJ_c\,\delta_{mi}$ erhalten. Damit sind die 36 Elastizitätsgleichungen für alle 7 Belastungsfälle aufgestellt.

Zahlentafel 3. Werte $6EJ_c \delta_{ik} = 6\int M_i M_k ds \frac{J_c}{J}$

	X_1	X_2	X_3	X_4	X_5	X_6	X_7	X_8	X_9	
1	+ 5764	+ 292								1
2	+ 292	+ 1752	+ 1168	− 1168	+ 584					2
3		+ 1168	+31608	− 1168	+ 584					3
4		− 1168	− 1168	+ 7448	− 584					4
5		+ 584	+ 584	− 584	+ 1968	+ 800	− 800	+ 400		5
6					+ 800	+31240	− 800	+ 400		6
7					− 800	− 800	+ 7080	− 400		7
8					+ 400	+ 400	− 400	+ 1600	+ 800	8
9								+ 800	+41900	9
10								− 800	− 800	10
11								+ 400	+ 400	11
12										12
13										13
14										14
15										15
16										16
17										17
18										18
19										19
20										20
21										21
22										22
23										23
24										24
25	− 2590									25
26	− 2590									26
27	− 2590			+15220						27
28					+ 3140					28
29					+ 3140					29
30					+ 3140	+15220				30
31							+ 3140			31
32							+ 3140			32
33							+ 3140		+20550	33
34										34
35										35
36										36
	X_1	X_2	X_3	X_4	X_5	X_6	X_7	X_8	X_9	

Aufstellung der Elastizitätsgleichungen.

bei symmetrischer Belastung.

	X_{10}	X_{11}	X_{12}	X_{13}	X_{14}	X_{15}	X_{16}	X_{17}	X_{18}	
1										1
2										2
3										3
4										4
5										5
6										6
7										7
8	$-\ 800$	$+\ 400$								8
9	$-\ 800$	$+\ 400$								9
10	$+15540$	$-\ 400$								10
11	$-\ 400$	$+\ 800$								11
12			$+41100$							12
13				$+\ 5674$	$+\ 247$					13
14				$+\ 247$	$+\ 1480$	$+\ 986$	$-\ 986$	$+\ 493$		14
15					$+\ 986$	$+\ 2364$	$-\ 986$	$+\ 493$		15
16					$-\ 986$	$-\ 986$	$+15713$	$-\ 493$		16
17					$+\ 493$	$+\ 493$	$-\ 493$	$+\ 1796$	$+\ 800$	17
18								$+\ 800$	$+\ 7080$	18
19								$-\ 800$	$-\ 800$	19
20								$+\ 400$	$+\ 400$	20
21										21
22										22
23										23
24										24
25				$+\ 2590$						25
26						$+\ 1870$				26
27										27
28							$+15220$			28
29									$+\ 3140$	29
30										30
31										31
32										32
33										33
34	$+\ 7370$									34
35	$+\ 7370$									35
36	$+\ 7370$		$+20550$							36
	X_{10}	X_{11}	X_{12}	X_{13}	X_{14}	X_{15}	X_{16}	X_{17}	X_{18}	

14 Berechnung eines Rhombenfachwerks als 72 fach statisch unbestimmtes Stabwerk.

Zahlentafel 3 (Fortsetzung). Werte $6\,EJ_c\,\delta_{ik} = 6\int M_i\,M_k\,ds\,\dfrac{J_c}{J}$

	X_{19}	X_{20}	X_{21}	X_{22}	X_{23}	X_{24}	X_{25}	X_{26}	X_{27}	
1							− 2590	− 2590	− 2590	1
2										2
3									+15220	3
4										4
5										5
6										6
7										7
8										8
9										9
10										10
11										11
12										12
13							+ 2590			13
14										14
15								+ 1870		15
16										16
17	− 800	+ 400								17
18	− 800	+ 400								18
19	+41900	− 400								19
20	− 400	+ 1372	+ 572	− 572	+ 286					20
21		+ 572	+ 6852	− 572	+ 286					21
22		− 572	− 572	+41672	− 286					22
23		+ 286	+ 286	− 286	+ 572					23
24						+14740				24
25							+10360	+ 5180	+ 5180	25
26							+ 5180	+ 8920	+ 5180	26
27							+ 5180	+ 5180	+35620	27
28										28
29										29
30										30
31	+20550									31
32				+ 3140						32
33										33
34					+20550					34
35						+ 7370				35
36										36
	X_{19}	X_{20}	X_{21}	X_{22}	X_{23}	X_{24}	X_{25}	X_{26}	X_{27}	

bei symmetrischer Belastung.

	X_{28}	X_{29}	X_{30}	X_{31}	X_{32}	X_{33}	X_{34}	X_{35}	X_{36}	
1										1
2										2
3										3
4	+ 3140	+ 3140	+ 3140							4
5										5
6			+15220							6
7				+ 3140	+ 3140	+ 3140				7
8										8
9						+20550				9
10							+ 7370	+ 7370	+ 7370	10
11										11
12									+20550	12
13										13
14										14
15										15
16	+15220									16
17										17
18		+ 3140								18
19				+20550						19
20										20
21					+ 3140					21
22							+20550			22
23										23
24								+ 7370		24
25										25
26										26
27										27
28	+36720	+ 6280	+ 6280							28
29	+ 6280	+12560	+ 6280							29
30	+ 6280	+ 6280	+36720							30
31				+47380	+ 6280	+ 6280				31
32				+ 6280	+12560	+ 6280				32
33				+ 6280	+ 6280	+47380				33
34							+55840	+14740	+14740	34
35							+14740	+29480	+14740	35
36							+14740	+14740	+55840	36
	X_{28}	X_{29}	X_{30}	X_{31}	X_{32}	X_{33}	X_{34}	X_{35}	X_{36}	

Zahlentafel 4. Werte $6EJ_c\delta_{ik} = 6\int M_i M_k ds \dfrac{J_c}{J}$

	X_1	X_2	X_3	X_4	X_5	X_6	X_7	X_8	X_9	
1	+ 5764	+ 292								1
2	+ 292	+ 1752	+ 1168	− 1168	+ 584					2
3		+ 1168	+ 31608	− 1168	+ 584					3
4		− 1168	− 1168	+ 7448	− 584					4
5		+ 584	+ 584	− 584	+ 1968	+ 800	− 800	+ 400		5
6					+ 800	+ 31240	− 800	+ 400		6
7					− 800	− 800	+ 7080	− 400		7
8					+ 400	+ 400	− 400	+ 1600	+ 800	8
9								+ 800	+ 41900	9
10								− 800	− 800	10
11								+ 400	+ 400	11
12										12
13										13
14										14
15										15
16										16
17										17
18										18
19										19
20										20
21										21
22										22
23										23
24										24
25	− 2590									25
26	− 2590									26
27	− 2590			+ 15220						27
28					+ 3140					28
29					+ 3140					29
30					+ 3140	+ 15220				30
31							+ 3140			31
32							+ 3140			32
33							+ 3140		+ 20550	33
34										34
35										35
36										36
	X_1	X_2	X_3	X_4	X_5	X_6	X_7	X_8	X_9	

Aufstellung der Elastizitätsgleichungen.

bei antisymmetrischer Belastung.

	X_{10}	X_{11}	X_{12}	X_{13}	X_{14}	X_{15}	X_{16}	X_{17}	X_{18}	
1										1
2										2
3										3
4										4
5										5
6										6
7										7
8	$-\ 800$	$+\ 400$								8
9	$-\ 800$	$+\ 400$								9
10	$+15540$	$-\ 400$								10
11	$-\ 400$	$+30560$	$+29760$							11
12		$+29760$	$+70860$							12
13				$+5674$	$+\ 247$					13
14				$+\ 247$	$+1480$	$+\ 986$	$-\ 986$	$+\ 493$		14
15					$+\ 986$	$+2364$	$-\ 986$	$+\ 493$		15
16					$-\ 986$	$-\ 986$	$+15713$	$-\ 493$		16
17					$+\ 493$	$+\ 493$	$-\ 493$	$+1796$	$+\ 800$	17
18								$+\ 800$	$+7080$	18
19								$-\ 800$	$-\ 800$	19
20								$+\ 400$	$+\ 400$	20
21										21
22										22
23		-14880	-14880							23
24		-14880	-14880							24
25				$+2590$						25
26						$+1870$				26
27										27
28							$+15220$			28
29								$+3140$		29
30										30
31										31
32										32
33										33
34	$+\ 7370$									34
35	$+\ 7370$									35
36	$+\ 7370$		$+20550$							36
	X_{10}	X_{11}	X_{12}	X_{13}	X_{14}	X_{15}	X_{16}	X_{17}	X_{18}	

Zahlentafel 4 (Fortsetzung). Werte $6EJ_c\,\delta_{ik} = 6\int M_i M_k\,ds\,\dfrac{J_c}{J}$

	X_{19}	X_{20}	X_{21}	X_{22}	X_{23}	X_{24}	X_{25}	X_{26}	X_{27}	
1							$-\ 2590$	$-\ 2590$	$-\ 2590$	1
2										2
3									$+15220$	3
4										4
5										5
6										6
7										7
8										8
9										9
10										10
11						-14880	-14880			11
12						-14880	-14880			12
13							$+\ 2590$			13
14										14
15								$+\ 1870$		15
16										16
17	$-\ 800$	$+\ 400$								17
18	$-\ 800$	$+\ 400$								18
19	$+41900$	$-\ 400$								19
20	$-\ 400$	$+\ 1372$	$+\ 572$	$-\ 572$	$+\ 286$					20
21		$+\ 572$	$+\ 6852$	$-\ 572$	$+\ 286$					21
22		$-\ 572$	$-\ 572$	$+41672$	$-\ 286$					22
23		$+\ 286$	$+\ 286$	$-\ 286$	$+30332$	$+29760$				23
24					$+29760$	$+44500$				24
25							$+10360$	$+\ 5180$	$+\ 5180$	25
26							$+\ 5180$	$+\ 8920$	$+\ 5180$	26
27							$+\ 5180$	$+\ 5180$	$+35620$	27
28										28
29										29
30										30
31	$+20550$									31
32				$+\ 3140$						32
33										33
34				$+20550$						34
35						$+\ 7370$				35
36										36
	X_{19}	X_{20}	X_{21}	X_{22}	X_{23}	X_{24}	X_{25}	X_{26}	X_{27}	

Aufstellung der Elastizitätsgleichungen.

bei antisymmetrischer Belastung.

	X_{28}	X_{29}	X_{30}	X_{31}	X_{32}	X_{33}	X_{34}	X_{35}	X_{36}	
1										1
2										2
3										3
4	+ 3140	+ 3140	+ 3140							4
5										5
6		+15220								6
7				+ 3140	+ 3140	+ 3140				7
8										8
9						+20550				9
10							+ 7370	+ 7370	+ 7370	10
11										11
12									+20550	12
13										13
14										14
15										15
16	+15220									16
17										17
18		+ 3140								18
19				+20550						19
20										20
21										21
22					+ 3140					22
23							+20550			23
24								+ 7370		24
25										25
26										26
27										27
28	+36720	+ 6280	+ 6280							28
29	+ 6280	+12560	+ 6280							29
30	+ 6280	+ 6280	+36720							30
31				+47380	+ 6280	+ 6280				31
32				+ 6280	+12560	+ 6280				32
33				+ 6280	+ 6280	+47380				33
34							+55840	+14740	+14740	34
35							+14740	+29480	+14740	35
36							+14740	+14740	+55840	36
	X_{28}	X_{29}	X_{30}	X_{31}	X_{32}	X_{33}	X_{34}	X_{35}	X_{36}	

2*

Zahlentafel 5. Tafel der Werte $6EJ_c\delta_{ik} = 6i_c^2 \int N_i N_k ds \frac{F_c}{F}$

	X_1	X_2	X_3	X_4	X_5	X_6	X_7	X_8	X_9	
1	+ 119	− 56	—	—	—	—	—	—	—	1
2	− 56	+1210	+1170	+ 30	− 856	− 798	− 57	+ 522	+ 472	2
3	—	+1170	+1170	+ 30	− 856	− 798	− 57	+ 522	+ 472	3
4	—	+ 30	+ 30	+ 30	− 10	—	—	—	—	4
5	—	− 856	− 856	− 10	+ 812	+ 782	+ 28	− 516	− 472	5
6	—	− 798	− 798	—	+ 782	+ 782	+ 28	− 516	− 472	6
7	—	− 57	− 57	—	+ 28	+ 28	+ 28	− 6	—	7
8	—	+ 522	+ 522	—	− 516	− 516	− 6	+ 427	+ 402	8
9	—	+ 472	+ 472	—	− 472	− 472	—	+ 402	+ 402	9
10	—	+ 57	+ 57	—	− 57	− 57	—	+ 28	+ 28	10
11	—	− 168	− 168	—	+ 168	+ 168	—	− 162	− 162	11
12	—	− 98	− 98	—	+ 98	+ 98	—	− 98	− 98	12
13	—	− 40	− 40	—	—	—	—	—	—	13
14	− 40	−1072	−1092	− 60	+ 874	+ 833	+ 57	− 522	− 472	14
15	—	−1090	−1110	− 60	+ 874	+ 833	+ 57	− 522	− 472	15
16	—	− 56	− 56	—	+ 19	+ 19	—	—	—	16
17	—	+ 885	+ 885	+ 20	− 748	− 748	− 57	+ 464	+ 452	17
18	—	+ 865	+ 865	+ 20	− 748	− 748	− 57	+ 464	+ 452	18
19	—	+ 50	+ 50	—	− 50	− 50	—	+ 19	+ 19	19
20	—	− 495	− 495	—	+ 466	+ 466	+ 22	− 308	− 308	20
21	—	− 443	− 443	—	+ 432	+ 432	+ 22	− 308	− 308	21
22	—	− 68	− 68	—	+ 68	+ 68	—	− 68	− 68	22
23	—	+ 140	+ 140	—	− 140	− 140	—	+ 95	+ 95	23
24	—	+ 85	+ 85	—	− 85	− 85	—	+ 62	+ 62	24
25	+ 100	+1278	+1236	+ 60	− 946	− 886	− 57	+ 522	+ 472	25
26	+ 79	+1278	+1236	+ 60	− 946	− 886	− 57	+ 522	+ 472	26
27	+ 60	− 20	—	—	—	—	—	—	—	27
28	—	+1167	+1167	+ 60	− 907	− 886	− 57	+ 522	+ 472	28
29	—	−1070	−1070	− 60	+ 882	+ 848	+ 57	− 522	− 472	29
30	—	− 79	− 79	− 41	− 40	—	—	—	—	30
31	—	− 830	− 830	—	+ 752	+ 752	+ 57	− 502	− 472	31
32	—	+ 725	+ 725	—	− 668	− 668	− 57	+ 483	+ 452	32
33	—	+ 107	+ 107	—	− 73	− 73	− 34	+ 31	—	33
34	—	+ 432	+ 432	—	− 432	− 432	—	+ 353	+ 330	34
35	—	− 309	− 309	—	+ 309	+ 309	—	− 252	− 229	35
36	—	− 126	− 126	—	+ 107	+ 107	—	− 92	− 92	36
	X_1	X_2	X_3	X_4	X_5	X_6	X_7	X_8	X_9	

bei symmetrischer Belastung.

	X_{10}	X_{11}	X_{12}	X_{13}	X_{14}	X_{15}	X_{16}	X_{17}	X_{18}	
1	—	—	—	—	− 40	—	—	—	—	1
2	+ 57	− 168	− 98	− 40	− 1072	− 1090	− 56	+ 885	+ 865	2
3	+ 57	− 168	− 98	− 40	− 1072	− 1090	− 56	+ 885	+ 865	3
4	—	—	—	—	− 60	− 60	—	+ 20	+ 20	4
5	− 57	+ 168	+ 98	—	+ 874	+ 874	+ 19	− 748	− 748	5
6	− 57	+ 168	+ 98	—	+ 833	+ 833	+ 19	− 748	− 748	6
7	—	—	—	—	+ 57	+ 57	—	− 57	− 57	7
8	+ 28	− 162	− 98	—	− 522	− 522	—	+ 464	+ 464	8
9	+ 28	− 162	− 98	—	− 472	− 472	—	+ 452	+ 452	9
10	+ 28	− 6	—	—	− 57	− 57	—	+ 57	+ 57	10
11	− 6	+ 84	+ 49	—	+ 168	+ 168	—	− 168	− 168	11
12	—	+ 49	+ 49	—	+ 98	+ 98	—	− 98	− 98	12
13	—	—	—	+ 104	− 53	—	—	—	—	13
14	− 57	+ 168	+ 98	− 53	+ 1220	+ 1185	+ 28	− 900	− 851	14
15	− 57	+ 168	+ 98	—	+ 1185	+ 1185	+ 28	− 900	− 851	15
16	—	—	—	—	+ 28	+ 28	+ 28	− 9	—	16
17	+ 57	− 168	− 98	—	− 900	− 900	− 9	+ 830	+ 802	17
18	+ 57	− 168	− 98	—	− 851	− 851	—	+ 802	+ 802	18
19	—	—	—	—	− 50	− 50	—	+ 25	+ 25	19
20	− 57	+ 110	+ 69	—	+ 495	+ 495	—	− 505	− 505	20
21	− 57	+ 110	+ 69	—	+ 443	+ 443	—	− 454	− 454	21
22	—	+ 29	+ 29	—	+ 68	+ 68	—	− 68	− 68	22
23	+ 22	− 20	− 20	—	− 140	− 140	—	+ 140	+ 140	23
24	+ 22	− 20	− 20	—	− 85	− 85	—	− 85	− 85	24
25	+ 57	− 168	− 98	− 85	− 1233	− 1268	− 56	+ 923	+ 865	25
26	+ 57	− 168	− 98	− 34	− 1250	− 1268	− 56	+ 923	+ 865	26
27	—	—	—	—	− 20	− 20	—	—	—	27
28	+ 57	− 168	− 98	—	− 1208	− 1208	− 56	+ 901	+ 865	28
29	− 57	+ 168	+ 98	—	+ 1073	+ 1073	+ 19	− 864	− 865	29
30	—	—	—	—	+ 100	+ 100	—	− 20	− 20	30
31	− 57	+ 168	+ 98	—	+ 832	+ 832	—	− 820	− 820	31
32	+ 57	− 168	− 98	—	− 724	− 724	—	+ 686	+ 686	32
33	—	—	—	—	− 107	− 107	—	+ 88	+ 88	33
34	+ 57	− 139	− 98	—	− 432	− 432	—	+ 432	+ 432	34
35	− 57	+ 110	+ 69	—	+ 309	+ 309	—	− 309	− 309	35
36	− 34	+ 41	—	—	+ 126	+ 126	—	− 126	− 126	36
	X_{10}	X_{11}	X_{12}	X_{13}	X_{14}	X_{15}	X_{16}	X_{17}	X_{18}	

Zahlentafel 5 (Fortsetzung). Tafel der Werte $6\,EJ_c\,\delta_{ik} = 6\,i_c^2 \int N_i\,N_k\,ds\,\dfrac{F_c}{F}$

	X_{19}	X_{20}	X_{21}	X_{22}	X_{23}	X_{24}	X_{25}	X_{26}	X_{27}	
1	—	—	—	—	—	—	+ 100	+ 79	+ 60	1
2	+ 50	− 495	− 443	− 68	+ 140	+ 85	+ 1278	+ 1278	− 20	2
3	+ 50	− 495	− 443	− 68	+ 140	+ 85	+ 1236	+ 1236	—	3
4	—	—	—	—	—	—	+ 60	+ 60	—	4
5	− 50	+ 466	+ 432	+ 68	− 140	− 85	− 946	− 946	—	5
6	− 50	+ 466	+ 432	+ 68	− 140	− 85	− 886	− 886	—	6
7	—	+ 22	+ 22	—	—	—	− 57	− 57	—	7
8	+ 19	− 308	− 308	− 68	+ 95	+ 62	+ 522	+ 522	—	8
9	+ 19	− 308	− 308	− 68	+ 95	+ 62	+ 472	+ 472	—	9
10	—	− 57	− 57	—	+ 22	+ 22	+ 57	+ 57	—	10
11	—	+ 110	+ 110	+ 29	− 20	− 20	− 168	− 168	—	11
12	—	+ 69	+ 69	+ 29	− 20	− 20	− 98	− 98	—	12
13	—	—	—	—	—	—	− 85	− 34	—	13
14	− 50	+ 495	+ 443	+ 68	− 140	− 85	− 1233	− 1250	− 20	14
15	− 50	+ 495	+ 443	+ 68	− 140	− 85	− 1268	− 1268	− 20	15
16	—	—	—	—	—	—	− 56	− 56	—	16
17	+ 25	− 505	− 454	− 68	+ 140	− 85	+ 932	+ 923	—	17
18	+ 25	− 505	− 454	− 68	+ 140	− 85	+ 865	+ 865	—	18
19	+ 25	− 6	—	—	—	—	− 50	− 50	—	19
20	− 6	+ 421	+ 390	+ 34	− 135	− 105	− 495	− 495	—	20
21	—	+ 390	+ 390	+ 34	− 135	− 105	− 443	− 443	—	21
22	—	+ 34	+ 34	+ 34	− 5	—	− 68	− 68	—	22
23	—	− 135	− 135	− 5	+ 70	+ 42	+ 140	+ 140	—	23
24	—	− 105	− 105	—	+ 42	+ 42	+ 85	+ 85	—	24
25	− 50	− 495	− 443	− 68	+ 140	+ 85	+ 1488	+ 1415	+ 60	25
26	− 50	− 495	− 443	− 68	+ 140	+ 85	+ 1415	+ 1399	+ 60	26
27	—	—	—	—	—	—	+ 60	+ 40	+ 41	27
28	− 50	− 495	− 443	− 68	+ 140	+ 85	+ 1224	+ 1224	—	28
29	+ 50	+ 495	+ 443	+ 68	− 140	− 85	− 1111	− 1111	—	29
30	—	—	—	—	—	—	− 120	− 120	—	30
31	+ 50	+ 488	+ 443	+ 68	− 140	− 85	− 832	− 832	—	31
32	+ 20	− 453	− 443	− 68	+ 140	+ 85	+ 724	+ 724	—	32
33	—	− 22	− 22	—	—	—	+ 107	+ 107	—	33
34	—	− 311	− 311	− 68	+ 117	+ 85	+ 432	+ 432	—	34
35	—	+ 251	+ 251	+ 29	− 85	− 85	− 309	− 309	—	35
36	—	+ 97	+ 97	—	− 22	− 22	− 126	− 126	—	36
	X_{19}	X_{20}	X_{21}	X_{22}	X_{23}	X_{24}	X_{25}	X_{26}	X_{27}	

Aufstellung der Elastizitätsgleichungen.

bei symmetrischer Belastung.

	X_{28}	X_{29}	X_{30}	X_{31}	X_{32}	X_{33}	X_{34}	X_{35}	X_{36}	
1	—	—	—	—	—	—	—	—	—	1
2	+ 1167	− 1070	− 79	− 830	+ 725	+ 107	+ 432	− 309	− 126	2
3	+ 1167	− 1070	− 79	− 830	+ 725	+ 107	+ 432	− 309	− 126	3
4	+ 60	− 60	− 41	—	—	—	—	—	—	4
5	− 907	+ 882	− 40	+ 752	− 668	− 73	− 432	+ 309	+ 107	5
6	− 886	+ 848	—	+ 752	− 668	− 73	− 432	+ 309	+ 107	6
7	− 57	+ 57	—	+ 57	− 57	− 34	—	—	—	7
8	+ 522	− 522	—	− 502	+ 483	+ 31	+ 353	− 252	− 92	8
9	+ 472	− 472	—	− 472	+ 452	—	+ 330	− 229	− 92	9
10	+ 57	− 57	—	− 57	+ 57	—	+ 57	− 57	− 34	10
11	− 168	+ 168	—	+ 168	− 168	—	− 139	+ 110	+ 41	11
12	− 98	+ 98	—	+ 98	− 98	—	− 98	+ 69	—	12
13	—	—	—	—	—	—	—	—	—	13
14	− 1208	+ 1073	+ 100	+ 832	− 724	− 107	− 432	+ 309	+ 126	14
15	− 1208	+ 1073	+ 100	+ 832	− 724	− 107	− 432	+ 309	+ 126	15
16	− 56	+ 19	—	—	—	—	—	—	—	16
17	+ 901	− 864	− 20	− 820	+ 686	+ 88	+ 432	− 309	− 126	17
18	+ 865	− 865	− 20	− 820	+ 686	+ 88	+ 432	− 309	− 126	18
19	− 50	+ 50	—	+ 50	+ 20	—	—	—	—	19
20	− 495	+ 495	—	+ 488	− 453	− 22	− 311	+ 251	+ 97	20
21	− 443	+ 443	—	+ 443	− 443	− 22	− 311	+ 251	+ 97	21
22	− 68	+ 68	—	+ 68	− 68	—	− 68	+ 29	—	22
23	+ 140	− 140	—	− 140	+ 140	—	+ 117	− 85	− 22	23
24	+ 85	− 85	—	− 85	+ 85	—	+ 85	− 85	− 22	24
25	+ 1224	− 1111	− 120	− 832	+ 724	+ 107	+ 432	− 309	− 126	25
26	+ 1224	− 1111	− 120	− 832	+ 724	+ 107	+ 432	− 309	− 126	26
27	—	—	—	—	—	—	—	—	—	27
28	+ 1186	− 1092	− 100	− 832	+ 724	+ 107	+ 432	− 309	− 126	28
29	− 1092	+ 1073	+ 100	+ 832	− 724	− 107	− 432	+ 309	+ 126	29
30	− 100	+ 100	+ 81	—	—	—	—	—	—	30
31	− 832	+ 832	—	+ 790	− 705	− 88	− 432	+ 309	+ 126	31
32	+ 724	− 724	—	− 705	+ 686	+ 87	+ 432	− 309	− 126	32
33	+ 107	− 107	—	− 88	+ 87	+ 65	—	—	—	33
34	+ 432	− 432	—	− 432	+ 432	—	+ 381	− 280	− 97	34
35	− 309	+ 309	—	+ 309	− 309	—	− 280	+ 251	+ 97	35
36	− 126	+ 126	—	+ 126	− 126	—	− 97	+ 97	+ 75	36
	X_{28}	X_{29}	X_{30}	X_{31}	X_{32}	X_{33}	X_{34}	X_{35}	X_{36}	

Zahlentafel 6. Tafel der Werte $6EJ_c\delta_{ik} = 6i_c^2 \int N_i N_k ds \dfrac{F_c}{F}$

	X_1	X_2	X_3	X_4	X_5	X_6	X_7	X_8	X_9	
1	+ 119	− 56	—	—	—	—	—	—	—	1
2	− 56	+ 1130	+ 1090	+ 30	− 776	− 718	− 57	+ 442	+ 392	2
3	—	+ 1090	+ 1090	+ 30	− 776	− 718	− 57	+ 442	+ 392	3
4	—	+ 30	+ 30	+ 30	− 10	—	—	—	—	4
5	—	− 776	− 776	− 10	+ 732	+ 702	+ 28	− 436	− 392	5
6	—	− 718	− 718	—	+ 702	+ 702	+ 28	− 436	− 392	6
7	—	− 57	− 57	—	+ 28	+ 28	+ 28	− 6	—	7
8	—	+ 442	+ 442	—	− 436	− 436	− 6	+ 347	+ 322	8
9	—	+ 392	+ 392	—	− 392	− 392	—	+ 322	+ 322	9
10	—	+ 57	+ 57	—	− 57	− 57	—	+ 28	+ 28	10
11	—	− 128	− 128	—	+ 128	+ 128	—	− 122	− 122	11
12	—	− 58	− 58	—	+ 58	+ 58	—	− 58	− 58	12
13	—	− 40	− 40	—	—	—	—	—	—	13
14	− 40	− 992	− 1012	− 60	+ 794	+ 753	+ 57	− 442	− 392	14
15	—	− 1010	− 1030	− 60	+ 794	+ 753	+ 57	− 442	− 392	15
16	—	− 56	− 56	—	+ 19	+ 19	—	—	—	16
17	—	+ 805	+ 805	+ 20	− 668	− 668	− 57	+ 384	+ 372	17
18	—	+ 785	+ 785	+ 20	− 668	− 668	− 57	+ 384	+ 372	18
19	—	+ 50	+ 50	—	− 50	− 50	—	+ 19	+ 19	19
20	—	− 415	− 415	—	+ 386	+ 386	+ 22	− 228	− 228	20
21	—	− 363	− 363	—	+ 352	+ 352	+ 22	− 228	− 228	21
22	—	− 68	− 68	—	+ 68	+ 68	—	− 68	− 68	22
23	—	+ 100	+ 100	—	− 100	− 100	—	+ 55	+ 55	23
24	—	+ 45	+ 45	—	− 45	− 45	—	+ 22	+ 22	24
25	+ 100	+ 1198	+ 1156	+ 60	− 866	− 806	− 57	+ 442	+ 392	25
26	+ 79	+ 1198	+ 1156	+ 60	− 866	− 806	− 57	+ 442	+ 392	26
27	+ 60	− 20	—	—	—	—	—	—	—	27
28	—	+ 1087	+ 1087	+ 60	− 827	− 806	− 57	+ 442	+ 392	28
29	—	− 990	− 990	− 60	+ 802	+ 768	+ 57	− 442	− 392	29
30	—	− 79	− 79	− 41	− 40	—	—	—	—	30
31	—	− 750	− 750	—	+ 672	+ 672	+ 57	− 442	− 392	31
32	—	+ 645	+ 645	—	− 588	− 588	− 57	+ 403	+ 372	32
33	—	+ 107	+ 107	—	− 73	− 73	− 34	+ 31	—	33
34	—	+ 352	+ 352	—	− 352	− 352	—	+ 273	+ 250	34
35	—	− 229	− 229	—	+ 229	+ 229	—	− 172	− 149	35
36	—	− 126	− 126	—	+ 107	+ 107	—	− 92	− 92	36
	X_1	X_2	X_3	X_4	X_5	X_6	X_7	X_8	X_9	

Aufstellung der Elastizitätsgleichungen.

bei antisymmetrischer Belastung.

	X_{10}	X_{11}	X_{12}	X_{13}	X_{14}	X_{15}	X_{16}	X_{17}	X_{18}	
1	—	—	—	—	− 40	—	—	—	—	1
2	+ 57	− 128	− 58	− 40	− 992	− 1010	− 56	+ 805	+ 785	2
3	+ 57	− 128	− 58	− 40	− 1012	− 1030	− 56	+ 805	+ 785	3
4	—	—	—	—	− 60	− 60	—	+ 20	+ 20	4
5	− 57	+ 128	+ 58	—	+ 794	+ 794	+ 19	− 668	− 668	5
6	− 57	+ 128	+ 58	—	+ 753	+ 753	+ 19	− 668	− 668	6
7	—	—	—	—	+ 57	+ 57	—	− 57	− 57	7
8	+ 28	− 122	− 58	—	− 442	− 442	—	+ 384	+ 384	8
9	+ 28	− 122	− 58	—	− 392	− 392	—	+ 372	+ 372	9
10	+ 28	− 6	—	—	− 57	− 57	—	+ 57	+ 57	10
11	− 6	+ 64	+ 29	—	+ 128	+ 128	—	− 128	− 128	11
12	—	+ 29	+ 29	—	+ 58	+ 58	—	− 58	− 58	12
13	—	—	—	+ 104	− 53	—	—	—	—	13
14	− 57	+ 128	+ 58	− 53	+ 1140	+ 1105	+ 28	− 820	− 771	14
15	− 57	+ 128	+ 58	—	+ 1105	+ 1105	+ 28	− 820	− 771	15
16	—	—	—	—	+ 28	+ 28	+ 28	− 9	—	16
17	+ 57	− 128	− 58	—	− 820	− 820	− 9	+ 750	+ 722	17
18	+ 57	− 128	− 58	—	− 771	− 771	—	+ 772	+ 722	18
19	—	—	—	—	− 50	− 50	—	+ 25	+ 25	19
20	− 57	+ 70	+ 29	—	+ 415	+ 415	—	− 425	− 425	20
21	− 57	+ 70	+ 29	—	+ 363	+ 363	—	− 374	− 374	21
22	—	+ 29	+ 29	—	+ 68	+ 68	—	− 68	− 68	22
23	+ 22	—	—	—	− 100	− 100	—	+ 100	+ 100	23
24	+ 22	—	—	—	− 45	− 45	—	+ 45	+ 45	24
25	+ 57	− 128	− 58	− 85	− 1153	− 1188	− 56	+ 843	+ 785	25
26	+ 57	− 128	− 58	− 34	− 1170	− 1188	− 56	+ 843	+ 785	26
27	—	—	—	—	− 20	− 20	—	—	—	27
28	+ 57	− 128	− 58	—	− 1108	− 1108	− 56	+ 821	+ 785	28
29	− 57	+ 128	+ 58	—	+ 993	+ 993	+ 19	− 784	− 785	29
30	—	—	—	—	+ 100	+ 100	—	− 20	− 20	30
31	− 57	+ 128	+ 58	—	+ 752	+ 752	—	− 740	− 740	31
32	+ 57	− 128	− 58	—	− 644	− 644	—	+ 606	+ 606	32
33	—	—	—	—	− 107	− 107	—	+ 88	+ 88	33
34	+ 57	− 99	− 58	—	− 352	− 352	—	+ 352	+ 352	34
35	− 57	+ 70	+ 29	—	+ 229	+ 229	—	− 229	− 229	35
36	− 34	+ 41	—	—	+ 126	+ 126	—	− 126	− 126	36
	X_{10}	X_{11}	X_{12}	X_{13}	X_{14}	X_{15}	X_{16}	X_{17}	X_{18}	

Zahlentafel 6 (Fortsetzung). Tafel der Werte $6EJ_c\delta_{ik} = 6i_c^2\int N_iN_k ds \frac{F_c}{F}$

	X_{19}	X_{20}	X_{21}	X_{22}	X_{23}	X_{24}	X_{25}	X_{26}	X_{27}	
1	—	—	—	—	—	—	+ 100	+ 79	+ 60	1
2	+ 50	− 415	− 363	− 68	+ 100	+ 45	+ 1198	+ 1198	− 20	2
3	+ 50	− 415	− 363	− 68	+ 100	+ 45	+ 1156	+ 1156	—	3
4	—	—	—	—	—	—	+ 60	+ 60	—	4
5	− 50	+ 386	+ 352	+ 68	− 100	− 45	− 866	− 866	—	5
6	− 50	+ 386	+ 352	+ 68	− 100	− 45	− 806	− 806	—	6
7	—	+ 22	+ 22	—	—	—	− 57	− 57	—	7
8	+ 19	− 228	− 228	− 68	+ 55	+ 22	+ 442	+ 442	—	8
9	+ 19	− 228	− 228	− 68	+ 55	+ 22	+ 392	+ 392	—	9
10	—	− 57	− 57	—	+ 22	+ 22	+ 57	+ 57	—	10
11	—	+ 70	+ 70	+ 29	—	—	− 128	− 128	—	11
12	—	+ 29	+ 29	+ 29	—	—	− 58	− 58	—	12
13	—	—	—	—	—	—	− 85	− 34	—	13
14	− 50	+ 415	+ 363	+ 68	− 100	− 45	− 1153	− 1170	− 20	14
15	− 50	+ 415	+ 363	+ 68	− 100	− 45	− 1188	− 1188	− 20	15
16	—	—	—	—	—	—	− 56	− 56	—	16
17	+ 25	− 425	− 374	− 68	+ 100	+ 45	+ 843	+ 843	—	17
18	+ 25	− 425	− 374	− 68	+ 100	+ 45	+ 785	+ 785	—	18
19	+ 25	− 6	—	—	—	—	− 50	− 50	—	19
20	− 6	+ 341	+ 310	+ 34	− 95	− 45	− 415	− 415	—	20
21	—	+ 310	+ 310	+ 34	− 95	− 45	− 363	− 363	—	21
22	—	+ 34	+ 34	+ 34	− 5	—	− 68	− 68	—	22
23	—	− 95	− 95	− 5	+ 50	+ 22	+ 100	+ 100	—	23
24	—	− 45	− 45	—	+ 22	+ 22	+ 45	+ 45	—	24
25	− 50	− 415	− 363	− 68	+ 100	+ 45	+ 1408	+ 1335	+ 60	25
26	− 50	− 415	− 363	− 68	+ 100	+ 45	+ 1335	+ 1319	+ 40	26
27	—	—	—	—	—	—	+ 60	+ 40	+ 41	27
28	− 50	− 415	− 363	− 68	+ 100	+ 45	+ 1144	+ 1144	—	28
29	+ 50	+ 415	+ 363	+ 68	− 100	− 45	− 1031	− 1031	—	29
30	—	—	—	—	—	—	− 120	− 120	—	30
31	+ 50	+ 408	+ 363	+ 68	− 100	− 45	− 752	− 752	—	31
32	+ 20	− 373	− 363	− 68	+ 100	+ 45	+ 644	+ 644	—	32
33	—	− 22	− 22	—	—	—	+ 107	+ 107	—	33
34	—	− 231	− 231	− 68	+ 77	+ 45	+ 352	+ 352	—	34
35	—	+ 171	+ 171	+ 29	− 45	− 45	− 229	− 229	—	35
36	—	+ 97	+ 97	—	− 22	− 22	− 126	− 126	—	36
	X_{19}	X_{20}	X_{21}	X_{22}	X_{23}	X_{24}	X_{25}	X_{26}	X_{27}	

Aufstellung der Elastizitätsgleichungen.

bei antisymmetrischer Belastung.

	X_{28}	X_{29}	X_{30}	X_{31}	X_{32}	X_{33}	X_{34}	X_{35}	X_{36}	
1	—	—	—	—	—	—	—	—	—	1
2	+ 1087	+ 990	− 79	− 750	+ 645	+ 107	+ 352	− 229	− 126	2
3	+ 1087	− 990	− 79	− 750	+ 645	+ 107	+ 352	− 229	− 126	3
4	+ 60	− 60	− 41	—	—	—	—	—	—	4
5	− 827	+ 802	− 40	+ 672	− 588	− 73	− 352	+ 229	+ 107	5
6	− 806	+ 768	—	+ 672	− 588	− 73	− 352	+ 229	+ 107	6
7	− 57	+ 57	—	+ 57	− 57	− 34	—	—	—	7
8	+ 442	− 442	—	− 442	+ 403	+ 31	+ 273	− 172	− 92	8
9	+ 392	− 392	—	− 392	+ 372	—	+ 250	− 149	− 92	9
10	+ 57	− 57	—	− 57	+ 57	—	+ 57	− 57	− 34	10
11	− 128	+ 128	—	+ 128	− 128	—	− 99	+ 70	+ 41	11
12	− 58	+ 58	—	+ 58	− 58	—	− 58	+ 29	—	12
13	—	—	—	—	—	—	—	—	—	13
14	− 1108	+ 993	+ 100	+ 752	− 644	− 107	− 352	+ 229	+ 126	14
15	− 1108	+ 993	+ 100	+ 752	− 644	− 107	− 352	+ 229	+ 126	15
16	− 56	+ 19	—	—	—	—	—	—	—	16
17	+ 821	− 784	− 20	− 740	+ 606	+ 88	+ 352	− 229	− 126	17
18	+ 785	− 785	− 20	− 740	+ 606	+ 88	+ 352	− 229	− 126	18
19	− 50	+ 50	—	+ 50	+ 20	—	—	—	—	19
20	− 415	+ 415	—	+ 408	− 373	− 22	− 231	+ 171	+ 97	20
21	− 363	+ 363	—	+ 363	− 363	− 22	− 231	+ 171	+ 97	21
22	− 68	+ 68	—	+ 68	− 68	—	− 68	+ 29	—	22
23	+ 100	− 100	—	− 100	+ 100	—	+ 77	− 45	− 22	23
24	+ 45	− 45	—	− 45	+ 45	—	+ 45	− 45	− 22	24
25	+ 1144	− 1031	− 120	− 752	+ 644	+ 107	+ 352	− 229	− 126	25
26	+ 1144	− 1031	− 120	− 752	+ 644	+ 107	+ 352	− 229	− 126	26
27	—	—	—	—	—	—	—	—	—	27
28	+ 1106	− 1012	− 100	− 752	+ 644	+ 107	+ 352	− 229	− 126	28
29	− 1012	+ 993	− 100	+ 752	− 644	− 107	− 352	+ 229	+ 126	29
30	− 100	+ 100	+ 81	—	—	—	—	—	—	30
31	− 752	+ 752	—	+ 710	− 625	− 88	− 352	+ 229	+ 126	31
32	+ 644	− 644	—	− 625	+ 606	+ 87	+ 352	− 229	− 126	32
33	+ 107	− 107	—	− 88	+ 87	+ 65	—	—	—	33
34	+ 352	− 352	—	− 352	+ 352	—	+ 301	− 200	− 97	34
35	− 229	+ 229	—	+ 229	− 229	—	− 200	+ 171	+ 97	35
36	− 126	+ 126	—	+ 126	− 126	—	− 97	+ 97	+ 75	36
	X_{28}	X_{29}	X_{30}	X_{31}	X_{32}	X_{33}	X_{34}	X_{35}	X_{36}	

Zahlentafel 7. Tafel der Werte $6 EJ_c \delta_{ik} = 6 \int M_i M_k ds \frac{J_c}{J} + 6 i_c^2 \int N_i N_k ds \frac{F_c}{F}$

	X_1	X_2	X_3	X_4	X_5	X_6	X_7	X_8	X_9	
1	+ 5883	+ 236	—	—	—	—	—	—	—	1
2	+ 236	+ 2962	+ 2338	− 1138	− 272	− 798	− 57	+ 522	+ 472	2
3	—	+ 2338	+ 32778	− 1138	− 272	− 798	− 57	+ 522	+ 472	3
4	—	− 1138	− 1138	+ 7478	− 594	—	—	—	—	4
5	—	− 272	− 272	− 594	+ 2780	+ 1582	− 772	− 116	− 472	5
6	—	− 798	− 798	—	+ 1582	+ 32022	− 772	− 116	− 472	6
7	—	− 57	− 57	—	− 772	− 772	+ 7108	− 406	—	7
8	—	+ 522	+ 522	—	− 116	− 116	− 406	+ 2027	+ 1202	8
9	—	+ 472	+ 472	—	− 472	− 472	—	+ 1202	+ 42302	9
10	—	+ 57	+ 57	—	− 57	− 57	—	− 772	− 772	10
11	—	− 168	− 168	—	+ 168	+ 168	—	+ 238	+ 238	11
12	—	− 98	− 98	—	+ 98	+ 98	—	− 98	− 98	12
13	—	− 40	− 40	—	—	—	—	—	—	13
14	− 40	− 1072	− 1092	− 60	+ 874	+ 833	+ 57	− 522	− 472	14
15	—	− 1090	− 1110	− 60	+ 874	+ 833	+ 57	− 522	− 472	15
16	—	− 56	− 56	—	+ 19	+ 19	—	—	—	16
17	—	+ 885	+ 885	+ 20	− 748	− 748	− 57	+ 464	+ 452	17
18	—	+ 865	+ 865	+ 20	− 748	− 748	− 57	+ 464	+ 452	18
19	—	+ 50	+ 50	—	− 50	− 50	—	+ 19	+ 19	19
20	—	− 495	− 495	—	+ 466	+ 466	+ 22	− 308	− 308	20
21	—	− 443	− 443	—	+ 432	+ 432	+ 22	− 308	− 308	21
22	—	− 68	− 68	—	+ 68	+ 68	—	− 68	− 68	22
23	—	+ 140	+ 140	—	− 140	− 140	—	+ 95	+ 95	23
24	—	+ 85	+ 85	—	− 85	− 85	—	+ 62	+ 62	24
25	− 2490	+ 1278	+ 1236	+ 60	− 946	− 886	− 57	+ 522	+ 472	25
26	− 2511	+ 1278	+ 1236	+ 60	− 946	− 886	− 57	+ 522	+ 472	26
27	− 2530	− 20	+ 15220	—	—	—	—	—	—	27
28	—	+ 1167	+ 1167	+ 3200	− 907	− 886	− 57	+ 522	+ 472	28
29	—	− 1070	− 1070	+ 3080	+ 882	+ 848	+ 57	− 522	− 472	29
30	—	− 79	− 79	+ 3099	− 40	+ 15220	—	—	—	30
31	—	− 830	− 830	—	+ 752	+ 752	+ 3197	− 502	− 472	31
32	—	+ 725	+ 725	—	− 668	− 668	+ 3083	+ 483	+ 452	32
33	—	+ 107	+ 107	—	− 73	− 73	+ 3106	+ 31	+ 20550	33
34	—	+ 432	+ 432	—	− 432	− 432	—	+ 353	+ 330	34
35	—	− 309	− 309	—	+ 309	+ 309	—	− 252	− 229	35
36	—	− 126	− 126	—	+ 107	+ 107	—	− 92	− 92	36
	X_1	X_2	X_3	X_4	X_5	X_6	X_7	X_8	X_9	

Aufstellung der Elastizitätsgleichungen.

bei symmetrischer Belastung.

	X_{10}	X_{11}	X_{12}	X_{13}	X_{14}	X_{15}	X_{16}	X_{17}	X_{18}	
1	—	—	—	—	− 40	—	—	—	—	1
2	+ 57	− 168	− 98	− 40	− 1072	− 1090	− 56	+ 885	+ 865	2
3	+ 57	− 168	− 98	− 40	− 1092	− 1110	− 56	+ 885	+ 865	3
4	—	—	—	—	− 60	− 60	—	+ 20	+ 20	4
5	− 57	+ 168	+ 98	—	+ 874	+ 874	+ 19	− 748	− 748	5
6	− 57	+ 168	+ 98	—	+ 833	+ 833	+ 19	− 748	− 748	6
7	—	—	—	—	+ 57	+ 57	—	− 57	− 57	7
8	− 772	+ 238	− 98	—	− 522	− 522	—	+ 464	+ 464	8
9	− 772	+ 238	− 98	—	− 472	− 472	—	+ 452	+ 452	9
10	+15568	− 406	—	—	− 57	− 57	—	+ 57	+ 57	10
11	− 406	+ 884	+ 49	—	+ 168	+ 168	—	− 168	− 168	11
12	—	+ 49	+41149	—	+ 98	+ 98	—	− 98	− 98	12
13	—	—	—	+ 5778	+ 194	—	—	—	—	13
14	− 57	+ 168	+ 98	+ 194	+ 2700	+ 2171	− 986	− 407	− 851	14
15	− 57	+ 168	+ 98	—	+ 2171	+ 3548	− 968	− 407	− 851	15
16	—	—	—	—	− 968	− 968	+15741	− 502	—	16
17	+ 57	− 168	− 98	—	− 407	− 407	− 502	+ 2626	+ 1602	17
18	+ 57	− 168	− 98	—	− 851	− 851	—	+ 1602	+ 7882	18
19	—	—	—	—	− 50	− 50	—	− 775	− 775	19
20	− 57	+ 110	+ 69	—	+ 495	+ 495	—	− 105	− 105	20
21	− 57	+ 110	+ 69	—	+ 443	+ 443	—	− 454	− 454	21
22	—	+ 29	+ 29	—	+ 68	+ 68	—	− 68	− 68	22
23	+ 22	− 20	− 20	—	− 140	− 140	—	+ 140	+ 140	23
24	+ 22	− 20	− 20	—	− 85	− 85	—	+ 85	+ 85	24
25	+ 57	− 168	− 98	+ 2505	− 1233	− 1268	− 56	+ 923	+ 865	25
26	+ 57	− 168	− 98	− 34	− 1250	+ 602	− 56	+ 923	+ 865	26
27	—	—	—	—	− 20	− 20	—	—	—	27
28	+ 57	− 168	− 98	—	− 1188	− 1188	+15164	+ 901	+ 856	28
29	− 57	+ 168	+ 98	—	+ 1073	+ 1073	+ 19	− 864	+ 2275	29
30	—	—	—	—	+ 100	+ 100	—	− 20	− 20	30
31	− 57	+ 168	+ 98	—	+ 832	+ 832	—	− 820	− 820	31
32	+ 57	− 168	− 98	—	− 724	− 724	—	+ 686	+ 686	32
33	—	—	—	—	− 107	− 107	—	+ 88	+ 88	33
34	+ 7427	− 139	− 98	—	− 432	− 432	—	+ 432	+ 432	34
35	+ 7313	+ 110	+ 69	—	+ 309	+ 309	—	− 309	− 309	35
36	+ 7336	+ 41	+20550	—	+ 126	+ 126	—	− 126	− 126	36
	X_{10}	X_{11}	X_{12}	X_{13}	X_{14}	X_{15}	X_{16}	X_{17}	X_{18}	

Zahlentafel 7 (Fortsetzung). Tafel der Werte $6EJ_c \delta_{ik} = 6\int M_i M_k ds \frac{J_c}{J} + 6 i_c^2 \int N_i N_k ds \frac{F_c}{F}$

	X_{19}	X_{20}	X_{21}	X_{22}	X_{23}	X_{24}	X_{25}	X_{26}	X_{27}	
1	—	—	—	—	—	—	− 2490	− 2511	− 2530	1
2	+ 50	− 495	− 443	− 68	+ 140	+ 85	+ 1278	+ 1278	− 20	2
3	+ 50	− 495	− 443	− 68	+ 140	+ 85	+ 1236	+ 1236	+15220	3
4	—	—	—	—	—	+ 85	+ 60	+ 60	—	4
5	− 50	+ 466	+ 432	+ 68	− 140	− 85	− 946	− 946	—	5
6	− 50	+ 446	+ 432	+ 68	− 140	− 85	− 886	− 886	—	6
7	—	+ 22	+ 22	—	—	—	− 57	− 57	—	7
8	+ 19	− 308	− 308	− 68	+ 95	+ 62	+ 522	+ 522	—	8
9	+ 19	− 308	− 308	− 68	+ 95	+ 62	+ 472	+ 472	—	9
10	—	− 57	− 57	—	+ 22	+ 22	+ 57	+ 57	—	10
11	—	+ 110	+ 110	+ 29	− 20	− 20	− 168	− 168	—	11
12	—	+ 69	+ 69	+ 29	− 20	− 20	− 98	− 98	—	12
13	—	—	—	—	—	—	+ 2505	− 34	—	13
14	− 50	− 495	+ 443	+ 68	− 140	− 85	− 1233	− 1250	− 20	14
15	− 50	− 495	+ 443	+ 68	− 140	− 85	− 1268	+ 602	− 20	15
16	—	—	—	—	—	—	− 56	− 56	—	16
17	− 775	− 105	− 454	− 68	+ 140	+ 85	+ 923	+ 923	—	17
18	− 775	− 105	− 454	− 68	+ 140	+ 85	+ 865	+ 865	—	18
19	+41925	− 406	—	—	—	—	− 50	− 50	—	19
20	− 406	+ 1793	+ 962	− 538	+ 151	− 105	− 495	− 495	—	20
21	—	+ 962	+ 7242	− 538	+ 151	− 105	− 443	− 443	—	21
22	—	− 538	− 538	+41706	− 291	—	− 68	− 68	—	22
23	—	+ 151	+ 151	− 291	+ 642	+ 42	+ 140	+ 140	—	23
24	—	− 105	− 105	—	+ 42	+14782	+ 85	+ 85	—	24
25	− 50	− 495	− 443	− 68	+ 140	+ 85	+11848	+ 6595	+ 5240	25
26	− 50	− 495	− 443	− 68	+ 140	+ 85	+ 6595	+10319	+ 5220	26
27	—	—	—	—	—	—	+ 5240	+ 5220	+35661	27
28	− 50	− 495	− 443	− 68	+ 140	+ 85	+ 1224	+ 1224	—	28
29	+ 50	+ 495	+ 443	+ 68	− 140	− 85	− 1111	− 1111	—	29
30	—	—	—	—	—	—	− 120	− 120	—	30
31	+20600	+ 488	+ 443	+ 68	− 140	− 85	− 832	− 832	—	31
32	+ 20	− 453	+ 2697	− 68	+ 140	+ 85	+ 724	+ 724	—	32
33	—	− 22	− 22	—	—	—	+ 107	+ 107	—	33
34	—	− 311	− 311	+20482	+ 117	+ 85	+ 432	+ 432	—	34
35	—	+ 251	+ 251	+ 29	− 85	+ 7285	− 309	− 309	—	35
36	—	+ 97	+ 97	—	− 22	− 22	− 126	− 126	—	36
	X_{19}	X_{20}	X_{21}	X_{22}	X_{23}	X_{24}	X_{25}	X_{26}	X_{27}	

bei symmetrischer Belastung.

	X_{28}	X_{29}	X_{30}	X_{31}	X_{32}	X_{33}	X_{34}	X_{35}	X_{36}	
1	—	—	—	—	—	—	—	—	—	1
2	+ 1167	− 1070	− 79	− 830	+ 725	+ 107	+ 432	− 309	− 126	2
3	+ 1167	− 1070	− 79	− 830	+ 725	+ 107	+ 432	− 309	− 126	3
4	+ 3200	+ 3080	+ 3099	—	—	—	—	—	—	4
5	− 907	+ 882	− 40	+ 752	− 668	− 73	− 432	+ 309	+ 107	5
6	− 886	+ 848	+15220	+ 752	− 668	− 73	− 432	+ 309	+ 107	6
7	− 57	+ 57	—	+ 3197	+ 3083	+ 3106	—	—	—	7
8	+ 522	− 522	—	− 502	+ 483	+ 31	+ 353	− 252	− 92	8
9	+ 472	− 472	—	− 472	+ 452	+20550	+ 330	− 229	− 92	9
10	+ 57	− 57	—	− 57	+ 57	—	+ 7427	+ 7313	+ 7336	10
11	− 168	+ 168	—	+ 168	− 168	—	− 139	+ 110	+ 41	11
12	− 98	+ 98	—	+ 98	− 98	—	− 98	+ 69	+20550	12
13	—	—	—	—	—	—	—	—	—	13
14	− 1188	+ 1073	+ 100	+ 832	− 724	− 107	− 432	+ 309	+ 126	14
15	− 1188	+ 1073	+ 100	+ 832	− 724	− 107	− 432	+ 309	+ 126	15
16	+15164	+ 19	—	—	—	—	—	—	—	16
17	+ 901	− 864	− 20	− 820	+ 686	+ 88	+ 432	− 309	− 126	17
18	+ 865	+ 2275	− 20	− 820	+ 686	+ 88	+ 432	− 309	− 126	18
19	− 50	+ 50	—	+20600	+ 20	—	—	—	—	19
20	− 495	+ 495	—	+ 488	− 453	− 22	− 311	+ 251	+ 97	20
21	− 443	+ 443	—	+ 443	+ 2697	− 22	− 311	+ 251	+ 97	21
22	− 68	+ 68	—	+ 68	− 68	—	+20482	+ 29	—	22
23	+ 140	− 140	—	− 140	+ 140	—	+ 117	− 85	− 22	23
24	+ 85	− 85	—	− 85	+ 85	—	+ 85	+ 7285	− 22	24
25	+ 1224	− 1111	− 120	− 832	+ 724	+ 107	+ 432	− 309	− 126	25
26	+ 1224	− 1111	− 120	− 832	+ 724	+ 107	+ 432	− 309	− 126	26
27	—	—	—	—	—	—	—	—	—	27
28	+37906	+ 5188	+ 6180	− 832	+ 724	+ 107	+ 432	− 309	− 126	28
29	+ 5188	+13633	+ 6380	+ 832	− 724	− 107	− 432	+ 309	+ 126	29
30	+ 6180	+ 6380	+36801	—	—	—	—	—	—	30
31	− 832	+ 832	—	+48170	+ 5575	+ 6192	− 432	+ 309	+ 126	31
32	+ 724	− 724	—	+ 5575	+13246	+ 6367	+ 432	− 309	− 126	32
33	+ 107	− 107	—	+ 6192	+ 6367	+47445	—	—	—	33
34	+ 432	− 432	—	− 432	+ 432	—	+56221	+14460	+14643	34
35	− 309	+ 309	—	+ 309	− 309	—	+14460	+29731	+14833	35
36	− 126	+ 126	—	+ 126	− 126	—	+14643	+14833	+55915	36
	X_{28}	X_{29}	X_{30}	X_{31}	X_{32}	X_{33}	X_{34}	X_{35}	X_{36}	

Zahlentafel 8. Tafel der Werte $6EJ_c \delta_{ik} = 6\int M_i M_k ds \frac{J_c}{J} + 6i_c^2 \int N_i N_k ds \frac{F_c}{F}$

	X_1	X_2	X_3	X_4	X_5	X_6	X_7	X_8	X_9	
1	+ 5883	+ 236	—	—	—	—	—	—	—	1
2	+ 236	+ 2882	+ 2258	− 1138	− 192	− 718	− 57	+ 442	+ 392	2
3	—	+ 2258	+32698	− 1138	− 192	− 718	− 57	+ 442	+ 392	3
4	—	− 1138	− 1138	+ 7478	− 594	—	—	—	—	4
5	—	− 192	− 192	− 594	+ 2700	+ 1502	− 772	− 36	− 392	5
6	—	− 718	− 718	—	+ 1502	+31942	− 772	− 36	− 392	6
7	—	− 57	− 57	—	− 772	− 772	+ 7108	− 406	—	7
8	—	+ 442	+ 442	—	− 36	− 36	− 406	+ 1947	+ 1122	8
9	—	+ 392	+ 392	—	− 392	− 392	—	+ 1122	+42222	9
10	—	+ 57	+ 57	—	− 57	− 57	—	− 772	− 772	10
11	—	− 128	− 128	—	+ 128	+ 128	—	+ 278	+ 278	11
12	—	− 58	− 58	—	+ 58	+ 58	—	− 58	− 58	12
13	—	− 40	− 40	—	—	—	—	—	—	13
14	− 40	− 992	− 1012	− 60	+ 794	+ 753	+ 57	− 443	− 392	14
15	—	− 1010	− 1030	− 60	+ 794	+ 753	+ 57	− 443	− 392	15
16	—	− 56	− 56	—	+ 19	+ 19	—	—	—	16
17	—	+ 805	+ 805	+ 20	− 668	− 668	− 57	+ 384	+ 372	17
18	—	+ 785	+ 785	+ 20	− 668	− 668	− 57	+ 384	+ 372	18
19	—	+ 50	+ 50	—	− 50	− 50	—	+ 19	+ 19	19
20	—	− 415	− 415	—	+ 386	+ 386	+ 22	− 228	− 228	20
21	—	− 363	− 363	—	+ 352	+ 352	+ 22	− 228	− 228	21
22	—	− 68	− 68	—	+ 68	+ 68	—	− 68	− 68	22
23	—	+ 100	+ 100	—	− 100	− 100	—	+ 55	+ 55	23
24	—	+ 45	+ 45	—	− 45	− 45	—	+ 22	+ 22	24
25	− 2490	+ 1198	+ 1156	+ 60	− 866	− 806	− 57	+ 442	+ 392	25
26	− 2511	+ 1198	+ 1156	+ 60	− 866	− 806	− 57	+ 442	+ 392	26
27	− 2530	− 20	+15220	—	—	—	—	—	—	27
28	—	+ 1087	+ 1087	+ 3200	− 827	− 806	− 57	+ 442	+ 392	28
29	—	− 990	− 990	+ 3080	+ 802	+ 768	+ 57	− 442	− 392	29
30	—	− 79	− 79	+ 3099	− 40	+15220	—	—	—	30
31	—	− 750	− 750	—	+ 672	+ 672	+ 3197	− 422	− 392	31
32	—	+ 645	+ 645	—	− 588	− 588	+ 3083	+ 403	+ 372	32
33	—	+ 107	+ 107	—	− 73	− 73	+ 3106	+ 31	+20550	33
34	—	+ 352	+ 352	—	− 352	− 352	—	+ 273	+ 250	34
35	—	− 229	− 229	—	+ 229	+ 229	—	− 172	− 149	35
36	—	− 126	− 126	—	+ 107	+ 107	—	− 92	− 92	36
	X_1	X_2	X_3	X_4	X_5	X_6	X_7	X_8	X_9	

Aufstellung der Elastizitätsgleichungen.

bei antisymmetrischer Belastung.

	X_{10}	X_{11}	X_{12}	X_{13}	X_{14}	X_{15}	X_{16}	X_{17}	X_{18}	
1	—	—	—	—	− 40	—	—	—	—	1
2	+ 57	− 128	− 58	− 40	− 992	− 1010	− 56	+ 805	+ 785	2
3	+ 57	− 128	− 58	− 40	− 1012	− 1030	− 56	+ 805	+ 785	3
4	—	—	—	—	− 60	− 60	—	+ 20	+ 20	4
5	− 57	+ 128	+ 58	—	+ 794	+ 794	+ 19	− 668	− 668	5
6	− 57	+ 128	+ 58	—	+ 753	+ 753	+ 19	− 668	− 668	6
7	—	—	—	—	+ 57	+ 57	—	− 57	− 57	7
8	− 772	+ 278	− 58	—	− 442	− 442	—	+ 384	+ 384	8
9	− 772	+ 278	− 58	—	− 392	− 392	—	+ 372	+ 372	9
10	+ 15568	− 406	—	—	− 57	− 57	—	+ 57	+ 57	10
11	− 406	+ 30624	+ 29789	—	+ 128	+ 128	—	− 128	− 128	11
12	—	+ 29789	+ 70889	—	+ 58	+ 58	—	− 58	− 58	12
13	—	—	—	+ 5778	+ 194	—	—	—	—	13
14	− 57	+ 128	+ 58	+ 194	+ 2620	+ 2091	− 968	− 327	− 771	14
15	− 57	+ 128	+ 58	—	+ 2091	+ 3468	− 968	− 327	− 771	15
16	—	—	—	—	− 968	− 968	+ 15741	− 502	—	16
17	+ 57	− 128	− 58	—	− 327	− 327	− 502	+ 2546	+ 1522	17
18	+ 57	− 128	− 58	—	− 771	− 771	—	+ 1552	+ 7802	18
19	—	—	—	—	− 50	− 50	—	− 775	− 775	19
20	− 57	+ 70	+ 29	—	+ 415	+ 415	—	− 25	− 25	20
21	− 57	+ 70	+ 29	—	+ 363	+ 363	—	− 374	− 374	21
22	—	+ 29	+ 29	—	+ 68	+ 68	—	− 68	− 68	22
23	+ 22	− 14880	− 14880	—	− 100	− 100	—	+ 100	+ 100	23
24	+ 22	− 14880	− 14880	—	− 45	− 45	—	+ 45	+ 45	24
25	+ 57	− 128	− 58	+ 2505	− 1153	− 1188	− 56	+ 843	+ 785	25
26	+ 57	− 128	− 58	− 34	− 1170	+ 682	− 56	+ 843	+ 785	26
27	—	—	—	—	− 20	− 20	—	—	—	27
28	+ 57	− 128	− 58	—	− 1108	− 1108	+ 15164	+ 821	+ 785	28
29	− 57	+ 128	+ 58	—	+ 993	+ 993	+ 19	− 784	+ 2355	29
30	—	—	—	—	+ 100	+ 100	—	− 20	− 20	30
31	− 57	+ 128	+ 58	—	+ 752	+ 752	—	− 740	− 740	31
32	+ 57	− 128	− 58	—	+ 644	+ 644	—	+ 606	+ 606	32
33	—	—	—	—	− 107	− 107	—	+ 88	+ 88	33
34	+ 7427	− 99	− 58	—	− 352	− 352	—	+ 352	+ 352	34
35	+ 7313	+ 70	+ 29	—	+ 229	+ 229	—	− 229	− 229	35
36	+ 7336	+ 41	+ 20550	—	+ 126	+ 126	—	− 126	− 126	36
	X_{10}	X_{11}	X_{12}	X_{13}	X_{14}	X_{15}	X_{16}	X_{17}	X_{18}	

Zahlentafel 8 (Forts.). Tafel der Werte $6EJ_c\delta_{ik} = 6\int M_i M_k ds \frac{J_c}{J} + 6i_c^2 \int N_i N_k ds \frac{F_c}{F}$

	X_{19}	X_{20}	X_{21}	X_{22}	X_{23}	X_{24}	X_{25}	X_{26}	X_{27}	
1	—	—	—	—	—	—	− 2490	− 2511	− 2530	1
2	+ 50	− 415	− 363	− 68	+ 100	+ 45	+ 1198	+ 1198	− 20	2
3	+ 50	− 415	− 363	− 68	+ 100	+ 45	+ 1156	+ 1156	+15220	3
4	—	—	—	—	—	—	+ 60	+ 60	—	4
5	− 50	+ 386	+ 352	+ 68	− 100	− 45	− 866	− 866	—	5
6	− 50	+ 386	+ 352	+ 68	− 100	− 45	− 806	− 806	—	6
7	—	+ 22	+ 22	—	—	—	− 57	− 57	—	7
8	+ 19	− 228	− 228	− 68	+ 55	+ 22	+ 442	+ 442	—	8
9	+ 19	− 228	− 228	− 68	+ 55	+ 22	+ 392	+ 392	—	9
10	—	− 57	− 57	—	+ 22	+ 22	+ 57	+ 57	—	10
11	—	+ 70	+ 70	+ 29	−14880	−14880	− 128	− 128	—	11
12	—	+ 29	+ 29	+ 29	−14880	−14880	− 58	− 58	—	12
13	—	—	—	—	—	—	+ 2505	− 34	—	13
14	− 50	+ 415	+ 363	+ 68	− 100	− 45	− 1153	− 1170	− 20	14
15	− 50	+ 415	+ 363	+ 68	− 100	− 45	− 1188	+ 682	− 20	15
16	—	—	—	—	—	—	− 56	− 56	—	16
17	− 775	− 25	− 374	− 68	+ 100	+ 45	+ 843	+ 843	—	17
18	− 775	− 25	− 374	− 68	+ 100	+ 45	+ 785	+ 785	—	18
19	+41925	− 406	—	—	—	—	− 50	− 50	—	19
20	− 406	+1713	+ 882	− 538	+ 191	− 45	− 415	− 415	—	20
21	—	+ 882	+7162	− 538	+ 191	− 45	− 363	− 363	—	21
22	—	− 538	− 538	+41706	− 291	—	− 68	− 68	—	22
23	—	+ 191	+ 191	− 291	+30382	+29782	+ 100	+ 100	—	23
24	—	− 45	− 45	—	+29782	+44522	+ 45	+ 45	—	24
25	− 50	− 415	− 363	− 68	+ 100	+ 45	+11768	+ 6515	+ 5240	25
26	− 50	− 415	− 363	− 68	+ 100	+ 45	+ 6515	+10239	+ 5220	26
27	—	—	—	—	—	—	+ 5240	+ 5220	+35661	27
28	− 50	− 415	− 363	− 68	+ 100	+ 45	+ 1144	+ 1144	—	28
29	+ 50	+ 415	+ 363	+ 68	− 100	− 45	− 1031	− 1031	—	29
30	—	—	—	—	—	—	− 120	− 120	—	30
31	+20600	+ 408	+ 363	+ 68	− 100	− 45	− 752	− 752	—	31
32	+ 20	− 373	+ 2777	− 68	+ 100	+ 45	+ 644	+ 644	—	32
33	—	− 22	− 22	—	—	—	+ 107	+ 107	—	33
34	—	− 231	− 231	+20482	+ 77	+ 45	+ 352	+ 352	—	34
35	—	+ 171	+ 171	+ 29	− 45	+ 7325	− 229	− 229	—	35
36	—	+ 97	+ 97	—	− 22	− 22	− 126	− 126	—	36
	X_{19}	X_{20}	X_{21}	X_{22}	X_{23}	X_{24}	X_{25}	X_{26}	X_{27}	

Aufstellung der Elastizitätsgleichungen.

bei antisymmetrischer Belastung.

	X_{28}	X_{29}	X_{30}	X_{31}	X_{32}	X_{33}	X_{34}	X_{35}	X_{36}	
1	—	—	—	—	—	—	—	—	—	1
2	+ 1087	− 990	− 79	− 750	+ 645	+ 107	+ 352	− 229	− 126	2
3	+ 1087	− 990	− 79	− 750	+ 645	+ 107	+ 352	− 229	− 126	3
4	+ 3200	+ 3080	+ 3099	—	—	—	—	—	—	4
5	− 827	+ 802	− 40	+ 672	− 588	− 73	− 352	+ 229	+ 107	5
6	− 806	+ 768	+ 15220	+ 672	− 588	− 73	− 352	+ 229	+ 107	6
7	− 57	+ 57	—	+ 3197	+ 3083	+ 3106	—	—	—	7
8	+ 442	− 442	—	− 422	+ 403	+ 31	+ 273	− 172	− 92	8
9	+ 392	− 392	—	− 392	+ 372	+ 20550	+ 250	− 149	− 92	9
10	+ 57	− 57	—	− 57	+ 57	—	+ 7427	+ 7313	+ 7336	10
11	− 128	+ 128	—	+ 128	− 128	—	− 99	+ 70	+ 41	11
12	− 58	+ 58	—	+ 58	− 58	—	− 58	+ 29	+ 20550	12
13	—	—	—	—	—	—	—	—	—	13
14	− 1108	+ 993	+ 100	+ 752	− 644	− 107	− 352	+ 229	+ 126	14
15	− 1108	+ 993	+ 100	+ 752	− 644	− 107	− 352	+ 229	+ 126	15
16	+ 15164	+ 19	—	—	—	—	—	—	—	16
17	+ 821	− 784	− 20	− 740	+ 606	+ 88	+ 352	− 229	− 126	17
18	+ 785	+ 2355	− 20	− 740	+ 606	+ 88	+ 352	− 229	− 126	18
19	− 50	+ 50	—	+ 20600	+ 20	—	—	—	—	19
20	− 415	+ 415	—	+ 408	− 373	− 22	− 231	+ 171	+ 97	20
21	− 363	+ 363	—	+ 363	+ 2777	− 22	− 231	+ 171	+ 97	21
22	− 68	+ 68	—	+ 68	− 68	—	+ 20482	+ 29	—	22
23	+ 100	− 100	—	− 100	+ 100	—	+ 77	− 45	− 22	23
24	+ 45	− 45	—	− 45	+ 45	—	+ 45	+ 7325	− 22	24
25	+ 1144	− 1031	− 120	− 752	+ 644	+ 107	+ 352	− 229	− 126	25
26	+ 1144	− 1031	− 120	− 752	+ 644	+ 107	+ 352	− 229	− 126	26
27	—	—	—	—	—	—	—	—	—	27
28	+ 37826	+ 5268	+ 6180	− 752	+ 644	+ 107	+ 352	− 229	− 126	28
29	+ 5268	+ 13553	+ 6380	+ 752	− 644	− 107	− 352	+ 229	+ 126	29
30	+ 6180	+ 6380	+ 36801	—	—	—	—	—	—	30
31	− 752	+ 752	—	+ 48090	+ 5655	+ 6192	− 352	+ 229	+ 126	31
32	+ 644	− 644	—	+ 5655	+ 13166	+ 6367	+ 352	− 229	− 126	32
33	+ 107	− 107	—	+ 6192	+ 6367	+ 47445	—	—	—	33
34	+ 352	− 352	—	− 352	+ 352	—	+ 56141	+ 14540	+ 14643	34
35	− 229	+ 229	—	+ 229	− 229	—	+ 14540	+ 29651	+ 14833	35
36	− 126	+ 126	—	+ 126	− 126	—	+ 14643	+ 14833	+ 55915	36
	X_{28}	X_{29}	X_{30}	X_{31}	X_{32}	X_{33}	X_{34}	X_{35}	X_{36}	

3*

Zahlentafel 9. Stabkräfte S_o bei den 7 Belastungsfällen.

Stab	$s\dfrac{F_c}{F}$	$S_{o,5}$	$S_{o,4a}$	$S_{o,3a}$	$S_{o,2a}$	$S_{o,4b}$	$S_{o,3b}$	$S_{o,2b}$
	cm	kg	kg	kg	kg	kg	kg	kg
a	351,268	0	0	0	0	0	0	0
b	702,536	+ 500	+ 500	+ 500	0	+ 142,857	+285,714	− 71,429
c	400,0	+ 1000	+ 1000	+ 500	+ 500	+ 285,714	+ 71,429	+ 357,143
d	400,0	+ 1500	+ 1000	+ 1000	0	− 71,429	+ 357,143	− 214,286
e	294,463	0	0	0	0	0	0	0
f	588,936	− 500	− 500	− 500	− 500	− 142,857	− 285,714	− 428,571
g	400,0	− 1000	− 1000	− 1000	0	− 285,714	− 571,428	+ 142,857
h	340,887	− 1500	− 1500	− 500	− 500	− 428,571	+ 142,857	− 285,714
i	670,670	+ 353,557	+ 353,557	+ 353,557	+ 353,557	+ 101,014	+ 202,028	+ 303,042
k	670,670	+ 353,557	+ 353,557	+ 353,557	+ 353,557	+ 101,014	+ 202,028	+ 303,042
l	670,670	+ 353,557	+ 353,557	+ 353,557	+ 353,557	+ 101,014	+ 202,028	+ 303,042
m	759,033	+ 353,557	+ 353,557	+ 353,557	− 353,557	+ 101,014	+ 202,028	− 404,056
n	759,033	+ 353,557	+ 353,557	+ 353,557	− 353,557	+ 101,014	+ 202,028	− 404,056
o	759,033	+ 353,557	+ 353,557	+ 353,557	+ 353,557	+ 101,014	− 505,070	+ 303,042
p	759,033	+ 353,557	+ 353,557	− 353,557	+ 353,557	+ 101,014	− 505,070	+ 303,042
q	569,291	− 353,557	− 353,557	− 353,557	− 353,557	− 101,014	− 202,028	− 303,042
r	648,863	− 353,557	− 353,557	− 353,557	+ 353,557	− 101,014	− 202,028	+ 404,056
s	648,863	− 353,557	− 353,557	− 353,557	+ 353,557	− 101,014	− 202,028	+ 404,056
t	648,863	− 353,557	− 353,557	+ 353,557	− 353,557	− 101,014	+ 505,070	− 303,042
u	648,863	− 353,557	− 353,557	+ 353,557	− 353,557	− 101,014	+ 505,070	− 303,042
v	979,918	− 353,557	+ 353,557	− 353,557	+ 353,557	+ 606,084	− 202,028	+ 404,056
w	979,918	− 353,557	+ 353,557	− 353,557	+ 353,557	+ 606,084	− 202,028	+ 404,056
x	318,894	− 500	− 500	− 500	− 500	− 142,857	− 285,714	− 428,571
y	318,894	0	0	0	0	0	0	0
z	675,120	+ 500	− 500	+ 500	− 500	0	0	0

$F_c = 346 \text{ cm}^2$.

d) Die Auflösung der Elastizitätsgleichungen.

Das Gleichungssystem Zahlentafel 7 (siehe S. 28ff.) ist für die vier symmetrischen Belastungsfälle, d. h. mit den entsprechenden Werten $6\,E\,J_c\,\delta_{mi}$ als Belastungsgliedern, und das Gleichungssystem Zahlentafel 8 (siehe S. 32 ff.) für die drei antisymmetrischen Belastungsfälle aufzulösen. In dieser Auflösung liegt die bei weitem umfangreichste Aufgabe der Untersuchung. Die Auflösung erfolgte nach dem Gaußschen Eliminationsverfahren[1]. Jedes der beiden Vorzahlensysteme Zahlentafel 7 und 8 braucht nur einmal aufgelöst zu werden, dagegen muß der Auflösungsvorgang für jeden Belastungsfall mit den entsprechenden Belastungswerten durchgeführt werden, was bei zweckmäßiger Anlage der Rechnung keine wesentliche Mehrarbeit gegenüber der einmaligen Auflösung des ganzen Systemes bedeutet. Die Darstellung des Auflösungsvorganges ist im Rahmen der vorliegenden Arbeit nicht möglich, es ist jedoch für jeden leicht, durch Einsetzen der Ergebnisse in beliebige Gleichungen sehr rasch die Richtigkeit und die Genauigkeit der Auflösung nachzuprüfen. Die Ergebnisse sind in Zahlentafel 12 (siehe S. 40) zusammengestellt.

---

[1] Siehe O. Domke: Handbuch für Eisenbetonbau, 2. Aufl., Bd. 10, S. 45.

Die Einflußlinien für die Stabendmomente.

Zahlentafel 10. Tafel der Werte $EF_c \delta_{mi} = \sum S_{om} S_i s \frac{F_c}{F}$.

Dim.: t·cm.

i	$EF_c \delta_{5,i}$	$EF_c \delta_{4a,i}$	$EF_c \delta_{3a,i}$	$EF_c \delta_{2a,i}$	$EF_c \delta_{4b,i}$	$EF_c \delta_{3b,i}$	$EF_c \delta_{2b,i}$	i
1	+ 2,4739	+ 2,4739	+ 2,4739	+ 2,4739	+ 0,7068	+ 1,4136	+ 2,1205	1
2	+ 2,4072	− 11,7566	+ 18,1906	− 28,0096	− 10,8354	+ 15,7907	− 27,0394	2
3	+ 4,0428	− 10,1210	+ 19,8262	− 26,3740	− 10,3681	+ 16,7253	− 25,6375	3
4	+ 0,0398	+ 0,0398	+ 0,0398	− 0,8383	+ 0,0114	+ 0,0228	− 0,8440	4
5	− 5,3838	+ 8,7801	− 20,6671	+ 19,3044	+ 10,0133	− 17,3981	+ 17,3395	5
6	− 3,6945	+ 10,4694	− 18,9778	+ 18,4933	+ 10,4676	− 16,4329	+ 16,2871	6
7	+ 0,0512	+ 0,0512	− 0,4488	+ 1,4488	+ 0,0147	− 0,4707	+ 1,4415	7
8	+ 1,0055	− 7,5450	+ 9,7495	− 11,4539	− 10,7359	+ 8,3570	− 9,6747	8
9	+ 2,8166	− 5,7339	+ 9,4384	− 10,1428	− 10,2184	+ 7,2698	− 8,6223	9
10	+ 0,5512	+ 0,0512	+ 1,9488	− 0,9488	− 0,3425	+ 1,7125	− 1,0275	10
11	− 4,7910	+ 2,2909	− 4,2909	+ 3,2909	+ 4,2710	− 1,7570	+ 3,0140	11
12	− 2,0674	+ 2,0674	− 2,0674	+ 2,0674	+ 2,0998	− 0,6999	+ 1,3999	12
13	+ 1,4233	+ 1,4233	+ 1,4233	+ 1,4233	+ 0,4066	+ 0,8133	+ 1,2199	13
14	− 4,6199	+ 9,5439	− 20,4033	+ 24,1666	+ 10,2032	− 17,4619	+ 22,1674	14
15	− 3,9083	+ 10,2556	− 19,6916	+ 24,8783	+ 10,4065	− 17,0553	+ 22,7774	15
16	− 0,0749	− 0,0749	− 0,0749	+ 1,5473	− 0,0214	− 0,0158	+ 1,5579	16
17	+ 1,9903	− 12,1736	+ 13,5293	− 20,0594	− 10,9545	+ 12,7148	− 18,4208	17
18	+ 3,5648	− 10,5991	+ 15,1038	− 18,4849	− 10,5046	+ 13,6145	− 17,0712	18
19	+ 0,1889	+ 0,1889	+ 1,8111	− 0,8111	+ 0,0540	+ 1,7301	− 0,8381	19
20	− 4,9590	+ 4,3107	− 12,4015	+ 10,2537	+ 5,0858	− 9,3132	+ 9,0362	20
21	− 3,0102	+ 6,2595	− 10,4527	+ 9,3049	+ 5,6426	− 8,1996	+ 7,8090	21
22	+ 0,0548	+ 2,5019	− 0,7974	+ 1,6496	+ 2,5868	− 0,8217	+ 1,6433	22
23	− 2,3320	− 4,0198	+ 2,3154	− 3,1676	− 1,0291	+ 2,8325	− 1,8700	23
24	− 0,1049	− 1,7927	+ 1,7927	− 1,7927	− 0,2711	+ 1,3554	− 1,8132	24
25	+ 4,2093	− 9,9545	+ 19,9927	− 27,0853	− 10,3205	+ 17,2271	− 25,7635	25
26	+ 4,9210	− 9,2429	+ 20,7043	− 26,3737	− 10,1172	+ 17,6337	− 25,1536	26
27	+ 0,8383	+ 0,8383	+ 0,8383	+ 0,8383	+ 0,2395	+ 0,4790	+ 0,7186	27
28	+ 3,9832	− 10,1807	+ 19,7665	− 25,6893	− 10,3851	+ 17,0978	− 24,3353	28
29	− 5,4828	+ 8,6811	− 21,2666	+ 22,5676	+ 9,9566	− 17,9547	+ 21,4278	29
30	− 1,7291	− 1,7291	− 1,7291	+ 1,6494	− 0,4940	− 0,9880	+ 1,8964	30
31	− 3,6433	+ 10,5206	− 17,8045	+ 17,5089	+ 10,4822	− 15,2815	+ 16,1064	31
32	+ 1,5055	− 12,6583	+ 14,0446	− 15,7490	− 11,0930	+ 12,4378	− 14,0412	32
33	− 1,8623	− 1,8623	+ 0,7599	− 2,7599	− 0,5321	+ 1,5580	− 2,4938	33
34	+ 2,9554	− 8,7614	+ 9,3526	− 9,0570	− 8,2294	+ 7,1237	− 7,5548	34
35	− 5,2373	+ 4,0324	− 8,0324	+ 6,0324	+ 4,8846	− 4,8249	+ 4,8547	35
36	− 3,2747	+ 0,1723	− 4,1723	+ 2,1723	+ 2,5137	− 2,7696	+ 2,6416	36

e) Die Einflußlinien für die Stabendmomente.

Nach Auflösung der Gleichungen sind für alle Knotenpunkte die Stabendmomente mit Ausnahme je eines bekannt, das aus der Gleichgewichtsbedingung

$$\sum M = 0$$

erhalten wird. In Zahlentafel 13 (siehe S. 41) ist jeweils in der Spalte hinter den Zahlenwerten der Momente das Vorzeichen angegeben, das die Momente führen, wenn man alle rechtsdrehenden Momente als positiv bezeichnet. Mit dieser Vorzeichenregel ergibt sich dann am leichtesten das noch an jedem Knotenpunkt zu ermittelnde Moment. Ferner sind in Zahlentafel 13 auch schon die Belastungszustände a und b addiert, so daß sämtliche Stabendmomente für die Belastungs-

38 Berechnung eines Rhombenfachwerks als 72fach statisch unbestimmtes Stabwerk.

Zahlentafel 11. Tafel der Werte $6EJ_c\delta_{mi} = 6i_c^2 \sum S_{om} S_{is} \frac{F_c}{F}$.
Dim.: t·cm.

i	$6EJ_c\delta_{5,i}$	$6EJ_c\delta_{4a,i}$	$6EJ_c\delta_{3a,i}$	$6EJ_c\delta_{2a,i}$	$6EJ_c\delta_{4b,i}$	$6EJ_c\delta_{3b,i}$	$6EJ_c\delta_{2b,i}$	i
1	+ 5848,56	+ 5848,56	+ 5848,56	+ 5848,56	+ 1670,95	+ 3341,90	+ 5013,08	1
2	+ 5690,87	− 27793,83	+ 43004,47	− 66217,61	− 25616,01	+ 37330,86	− 63923,95	2
3	+ 9557,60	− 23927,10	+ 46871,20	− 62350,88	− 24511,27	+ 39540,35	− 60609,72	3
4	+ 94,09	+ 94,09	+ 94,09	− 1981,83	+ 26,95	+ 53,90	− 1995,30	4
5	− 12727,86	+ 20757,07	− 48859,17	+ 45637,61	+ 23672,48	− 41130,92	+ 40992,38	5
6	− 8734,18	+ 24750,75	− 44865,49	+ 43720,08	+ 24746,50	− 38849,32	+ 38504,40	6
7	+ 121,04	+ 121,04	− 1061,01	+ 3425,11	+ 34,75	− 1112,78	+ 3407,86	7
8	+ 2377,11	− 17837,16	+ 23048,83	− 27078,45	− 25381,02	+ 19756,82	− 22872,00	8
9	+ 6658,74	− 13555,77	+ 22313,36	− 23978,63	− 24157,36	+ 17186,56	− 20384,01	9
10	+ 1303,09	+ 121,04	+ 4607,17	− 2243,06	+ 809,71	+ 4048,53	− 2429,12	10
11	− 11326,42	+ 5416,16	− 10144,13	+ 7780,03	+ 10097,09	− 4153,73	+ 7125,41	11
12	− 4887,55	+ 4887,55	− 4887,55	+ 4887,55	+ 4964,15	− 1654,64	+ 3309,51	12
13	+ 3364,83	+ 3364,83	+ 3364,83	+ 3364,83	+ 961,24	+ 1922,73	+ 2883,97	13
14	− 10921,92	+ 22562,77	− 48235,52	+ 57132,36	+ 24121,43	− 41281,75	+ 52406,04	14
15	− 9239,63	+ 24245,30	− 46552,99	+ 58814,89	+ 24602,05	− 40320,50	+ 53848,14	15
16	− 177,07	− 177,07	− 177,07	+ 3657,98	− 50,59	− 37,35	+ 3683,04	16
17	+ 4705,28	− 28779,66	+ 31984,67	− 47422,51	− 25897,58	+ 30059,11	− 43548,69	17
18	+ 8427,56	− 25057,37	+ 35706,95	− 43700,23	− 24833,97	+ 32186,09	− 40358,09	18
19	+ 446,58	+ 446,58	+ 4281,58	− 1917,48	+ 127,66	+ 4090,14	− 1981,36	19
20	− 11723,59	+ 10190,94	− 29318,44	+ 24240,81	+ 12023,36	− 22017,37	+ 21362,52	20
21	− 7116,43	+ 14798,11	− 24711,27	+ 21997,75	+ 13339,69	− 19384,71	+ 18461,29	21
22	+ 129,55	+ 5914,75	− 1885,14	+ 3899,83	+ 6115,46	− 1942,58	+ 3884,93	22
23	− 5513,09	− 9503,23	+ 5473,85	− 7488,54	− 2432,90	+ 6696,32	− 4420,87	23
24	− 247,99	− 4238,13	+ 4238,13	− 4238,13	− 640,91	+ 3204,31	− 1922,49	24
25	+ 9951,22	− 23533,47	+ 47264,48	− 64032,47	− 24398,74	+ 40726,66	− 60907,59	25
26	+ 11633,76	− 21851,18	+ 48947,12	− 62350,17	− 23918,11	+ 41687,90	− 59465,73	26
27	+ 1981,83	+ 1981,83	+ 1981,83	+ 1981,83	+ 566,20	+ 1132,41	+ 1698,85	27
28	+ 9416,70	− 24068,23	+ 46730,06	− 60732,18	− 24551,46	+ 40420,98	− 57531,18	28
29	− 12961,91	+ 20523,02	− 50276,45	+ 53352,15	+ 23538,44	− 42446,79	+ 50657,55	29
30	− 4087,77	− 4087,77	− 4087,77	+ 3899,35	− 1167,87	− 2335,73	+ 4483,29	30
31	− 8613,14	+ 24871,79	− 42091,69	+ 41392,86	+ 24781,01	− 36127,06	+ 38077,20	31
32	+ 3559,16	− 29925,54	+ 33202,90	− 37232,27	− 26225,01	+ 29404,25	− 33194,86	32
33	− 4402,67	− 4402,67	+ 1796,48	− 6524,69	− 1257,94	+ 3683,27	− 5895,60	33
34	+ 6986,87	− 20712,86	+ 22110,52	− 21411,69	− 19455,16	+ 16841,17	− 17860,33	34
35	− 12381,52	+ 9533,01	− 18989,43	+ 14261,22	+ 11547,70	− 11406,57	+ 11477,02	35
36	− 7741,73	+ 407,34	− 9863,75	+ 5135,54	+ 5942,65	− 6547,62	+ 6245,02	36

fälle 2, 3, 4 und 5 zusammengestellt sind. Aus Zahlentafel 13 folgt, lediglich durch Umstellen der Zahlenwerte, Zahlentafel 14 (siehe S. 43), die alle Einflußlinienordinaten sämtlicher Stabendmomente enthält. Einige wichtige Einflußlinien sind der Zahlentafel entnommen und in Abb. 12 bildlich dargestellt.

f) Die Einflußlinien für die Normalkräfte.

Die Größe der Normalkräfte wird erhalten aus:

$$S = S_0 + S_1 X_1 + S_2 X_2 + \cdots$$

Die Summe erstreckt sich bei allen Stabkräften über eine Trägerhälfte mit Ausnahme beim Mittelpfosten, bei dem sie sich über den ganzen Träger erstreckt. Die so ermittelten Werte sind in Zahlentafel 15 (siehe S. 44) eingetragen, wo sie den Stabkräften S_0 gegenübergestellt sind. Man erkennt hier den Unterschied der wirk-

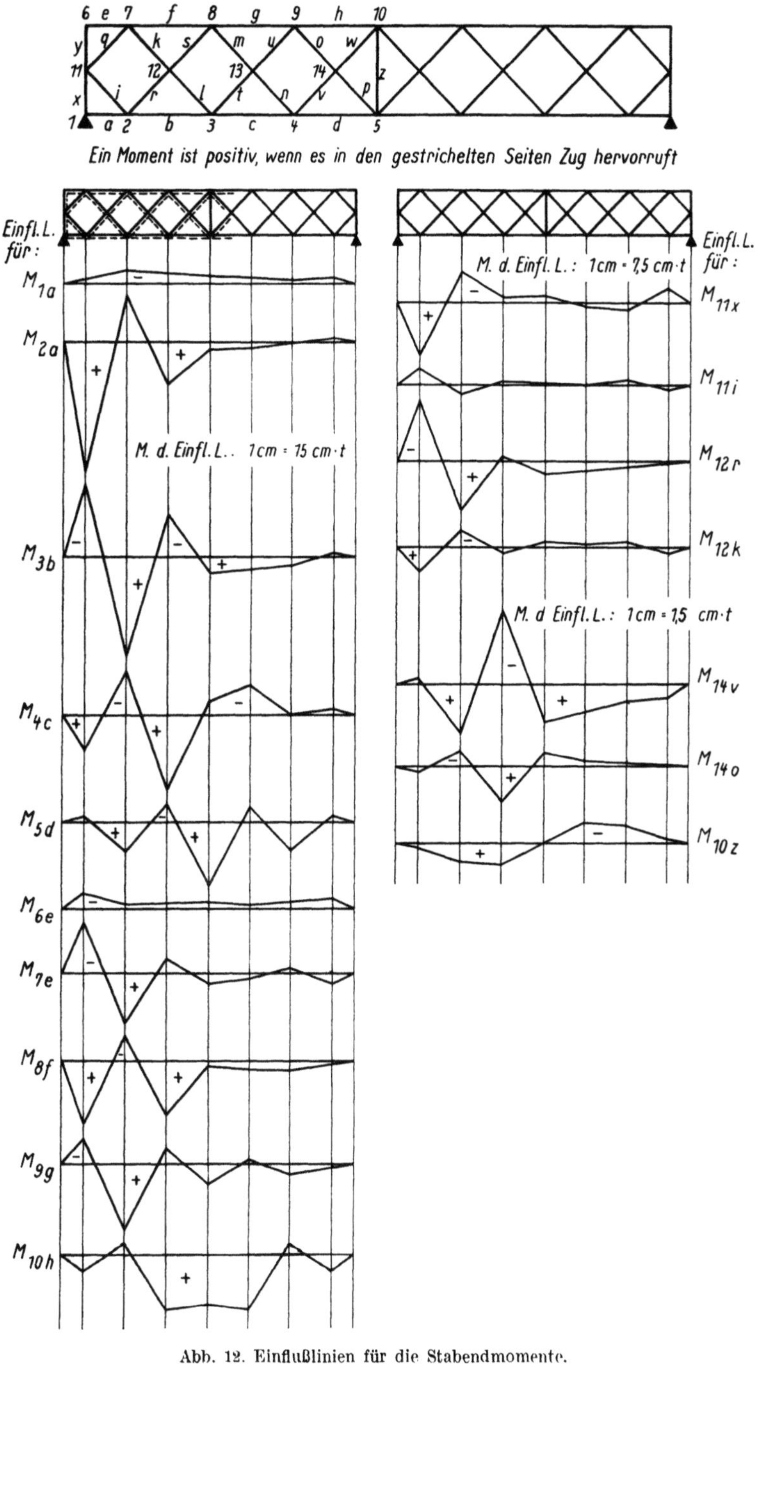

Die Einflußlinien für die Stabendmomente.

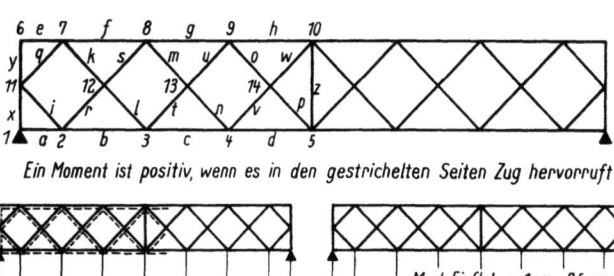

Abb. 12. Einflußlinien für die Stabendmomente.

40 Berechnung eines Rhombenfachwerks als 72 fach statisch unbestimmtes Stabwerk.

Zahlentafel 12. Ergebnis der Gleichungsauflösung.

	5	4a	3a	2a	4b	3b	2b
$X_1 =$	$-1316,787$	$-1339,939$	$-1390,813$	$-816,934$	$-395,863$	$-1170,972$	$-30,960$
$X_2 =$	$+952,238$	$+4241,969$	$-4778,161$	$+12765,810$	$+3481,588$	$-4564,345$	$+13345,758$
$X_3 =$	$-119,824$	$+1,898$	$-357,201$	$+447,786$	$+84,348$	$-366,043$	$+641,259$
$X_4 =$	$-230,893$	$+370,304$	$-173,023$	$+1807,112$	$+148,804$	$+201,164$	$+2057,445$
$X_5 =$	$+2894,980$	$-2680,675$	$+10144,560$	$-7304,402$	$-5086,474$	$+9019,823$	$-7054,399$
$X_6 =$	$-29,916$	$-301,026$	$+288,833$	$-0,768$	$-288,008$	$+337,174$	$-41,273$
$X_7 =$	$-50,428$	$-479,132$	$+1062,250$	$+1004,256$	$-231,573$	$+1038,739$	$-1007,812$
$X_8 =$	$-2470,573$	$-4406,139$	$+4478,487$	$-3274,042$	$+9728,865$	$-4209,359$	$+2972,371$
$X_9 =$	$+210,889$	$+21,542$	$+45,137$	$+68,049$	$+256,966$	$+23,085$	$+36,716$
$X_{10} =$	$-60,125$	$-14,281$	$-354,630$	$+105,871$	$+562,277$	$+389,030$	$+140,875$
$X_{11} =$	$+12111,144$	$-3307,689$	$+5385,785$	$-932,345$	$+655,056$	$-14,726$	$+134,937$
$X_{12} =$	$-70,430$	$+93,378$	$-38,920$	$-2,248$	$-246,669$	$+81,729$	$-59,037$
$X_{13} =$	$+710,685$	$-498,682$	$+969,089$	$-346,011$	$+125,631$	$+452,492$	$+2629,425$
$X_{14} =$	$+1346,414$	$-1008,984$	$+4588,845$	$-4472,948$	$-1795,154$	$+5374,811$	$-6198,481$
$X_{15} =$	$+442,466$	$-1266,190$	$+3246,921$	$-5876,057$	$-1131,420$	$+1380,983$	$-1710,097$
$X_{16} =$	$+491,170$	$-163,005$	$+1347,490$	$-1643,248$	$-125,241$	$+1060,957$	$-1471,887$
$X_{17} =$	$+743,869$	$+5837,967$	$-1556,019$	$+6383,031$	$+4503,710$	$-3196,229$	$+5901,091$
$X_{18} =$	$+709,522$	$-253,257$	$+1363,673$	$-709,117$	$-612,717$	$+1351,626$	$-1004,690$
$X_{19} =$	$-53,847$	$+276,103$	$-226,396$	$+194,574$	$+227,419$	$-298,445$	$+212,017$
$X_{20} =$	$+3508,904$	$-1307,079$	$+6921,348$	$-2599,891$	$-1096,754$	$+5325,032$	$-3007,965$
$X_{21} =$	$-387,558$	$+1516,004$	$-690,797$	$+155,777$	$+903,619$	$-786,685$	$+192,616$
$X_{22} =$	$+209,561$	$-205,229$	$+152,788$	$-25,820$	$-317,179$	$+124,493$	$-85,907$
$X_{23} =$	$+9791,527$	$+10710,671$	$+2293,389$	$+2299,144$	$+322,212$	$+288,504$	$+4,123$
$X_{24} =$	$+149,216$	$+245,732$	$+185,012$	$+17,156$	$+135,772$	$+113,756$	$+26,922$
$X_{25} =$	$+194,818$	$+49,124$	$+427,992$	$+42,106$	$+102,954$	$-2305,811$	$-5598,433$
$X_{26} =$	$+885,253$	$+237,495$	$+2125,993$	$+2294,640$	$+100,463$	$+27,347$	$+1315,968$
$X_{27} =$	$-4,186$	$-108,350$	$+248,188$	$+645,238$	$+107,912$	$+383,808$	$+951,464$
$X_{28} =$	$+361,900$	$-94,789$	$+981,478$	$+1084,702$	$+116,615$	$+813,878$	$+1053,686$
$X_{29} =$	$+640,185$	$-115,100$	$+1852,743$	$+1584,015$	$+461,967$	$+1686,184$	$+1805,145$
$X_{30} =$	$-53,963$	$+255,050$	$-178,546$	$+106,238$	$+212,012$	$-243,776$	$+114,773$
$X_{31} =$	$+54,699$	$+409,052$	$+329,733$	$+153,575$	$+336,020$	$+387,166$	$+191,219$
$X_{32} =$	$+295,448$	$+1716,264$	$+915,791$	$+563,265$	$+1290,499$	$+1084,311$	$+692,023$
$X_{33} =$	$+158,339$	$+93,974$	$+59,379$	$+85,020$	$+240,394$	$+4,721$	$+46,449$
$X_{34} =$	$+252,380$	$+284,803$	$+181,559$	$+28,040$	$+370,859$	$+121,986$	$+56,433$
$X_{35} =$	$+434,840$	$+272,569$	$+348,046$	$+24,034$	$+424,223$	$+153,840$	$+42,513$
$X_{36} =$	$+31,748$	$+83,733$	$+98,207$	$+3,522$	$-192,058$	$+103,232$	$-48,736$

Momente in cm·kg.

Die Einflußlinien für die Stabendmomente.

Zahlentafel 13. Zusammenstellung sämtlicher Stabmomente.

Moment	Andere Bezeichnung:		Belastungsfall							
	Moment im Punkte	Anschließender Stab	5 cmkg		4 cmkg		3 cmkg		2 cmkg	
X_1	1	a	$-$ 1317	$-$	$-$ 1736	$-$	$-$ 2562	$-$	$-$ 848	$-$
		x	$+$ 1317	$+$	$+$ 1736	$+$	$+$ 2562	$+$	$+$ 848	$+$
X_2	2	a	$+$ 952	$-$	$+$ 7724	$-$	$-$ 9343	$+$	$+$26112	$-$
X_3		i	$-$ 120	$+$	$+$ 86	$-$	$-$ 723	$+$	$+$ 1089	$-$
X_4		r	$+$ 231	$+$	$+$ 519	$+$	$-$ 374	$-$	$+$ 3865	$+$
		b	$+$ 601	$+$	$+$ 7291	$+$	$-$ 9692	$-$	$+$23336	$+$
X_5	3	b	$+$ 2895	$-$	$-$ 7767	$+$	$+$19164	$-$	$-$14359	$+$
X_6		l	$-$ 30	$+$	$-$ 589	$+$	$+$ 626	$-$	$+$ 42	$-$
X_7		t	$-$ 50	$-$	$-$ 711	$-$	$+$ 2101	$+$	$-$ 2012	$-$
		c	$+$ 2915	$+$	$-$ 7645	$-$	$+$17689	$+$	$-$12305	$-$
X_8	4	c	$-$ 2471	$+$	$+$14135	$-$	$-$ 8688	$+$	$+$ 6246	$-$
X_9		n	$-$ 211	$+$	$+$ 279	$-$	$-$ 22	$+$	$-$ 105	$+$
X_{10}		v	$+$ 60	$+$	$+$ 548	$+$	$-$ 744	$-$	$+$ 247	$+$
		d	$-$ 2742	$-$	$+$13866	$+$	$-$ 7966	$-$	$+$ 5894	$+$
X_{11}	5	d	$+$12111	$-$	$-$ 3963	$+$	$+$ 5361	$-$	$-$ 1067	$+$
X_{12}		p	$+$ 70	$-$	$+$ 153	$-$	$-$ 121	$+$	$+$ 57	$-$
		z	0		$-$ 816	$-$	$-$ 134	$-$	$-$ 152	$-$
$\bar{X}_{12}$		$\bar{p}$	$+$ 70	$+$	$-$ 340	$-$	$-$ 43	$+$	$-$ 61	$-$
$\bar{X}_{11}$		$\bar{d}$	$+$12111	$+$	$-$ 2653	$+$	$+$ 5331	$+$	$-$ 797	$-$
$\bar{X}_{10}$	$\bar{4}$	$\bar{d}$	$-$ 2742	$+$	$-$ 4981	$+$	$+$ 371	$+$	$+$ 306	$-$
$\bar{X}_9$		$\bar{v}$	$+$ 60	$-$	$-$ 577	$-$	$+$ 34	$+$	$-$ 35	$+$
$\bar{X}_8$		$\bar{n}$	$-$ 211	$-$	$-$ 235	$-$	$-$ 68	$-$	$-$ 31	$-$
		$\bar{c}$	$-$ 2471	$-$	$-$ 5323	$-$	$-$ 269	$-$	$+$ 302	$+$
	$\bar{3}$	$\bar{c}$	$+$ 2915	$-$	$+$ 2641	$-$	$+$ 1053	$-$	$-$ 295	$+$
$\bar{X}_7$		$\bar{t}$	$-$ 50	$+$	$+$ 248	$+$	$+$ 24	$+$	$+$ 4	$+$
$\bar{X}_6$		$\bar{l}$	$-$ 30	$-$	$-$ 13	$-$	$-$ 48	$-$	$-$ 41	$-$
$\bar{X}_5$		$\bar{b}$	$+$ 2895	$+$	$+$ 2406	$+$	$+$ 1125	$+$	$-$ 250	$-$
$\bar{X}_4$	$\bar{2}$	$\bar{b}$	$+$ 601	$-$	$+$ 456	$-$	$-$ 233	$+$	$-$ 523	$+$
$\bar{X}_3$		$\bar{r}$	$+$ 231	$-$	$+$ 222	$-$	$-$ 28	$-$	$-$ 250	$+$
$\bar{X}_2$		$\bar{i}$	$-$ 120	$-$	$-$ 82	$-$	$+$ 9	$+$	$-$ 193	$-$
		$\bar{a}$	$+$ 952	$+$	$+$ 760	$+$	$-$ 214	$-$	$-$ 580	$-$
$\bar{X}_1$	$\bar{1}$	$\bar{x}$	$+$ 1317	$-$	$+$ 944	$-$	$-$ 220	$-$	$+$ 786	$-$
		$\bar{a}$	$-$ 1317	$+$	$-$ 944	$+$	$-$ 220	$-$	$-$ 786	$+$
X_{13}	6	y	$-$ 711	$+$	$-$ 624	$+$	$-$ 517	$+$	$-$ 2975	$+$
		e	$-$ 711	$-$	$-$ 624	$-$	$-$ 517	$-$	$-$ 2975	$-$
X_{14}	7	e	$+$ 1346	$-$	$-$ 2804	$+$	$+$ 9964	$-$	$-$10671	$+$
X_{15}		q	$+$ 442	$-$	$-$ 2398	$+$	$+$ 4628	$-$	$-$ 7586	$+$
X_{16}		k	$+$ 491	$+$	$+$ 38	$+$	$+$ 2408	$+$	$-$ 3115	$-$
		f	$+$ 1297	$+$	$-$ 5240	$+$	$+$12184	$+$	$-$15142	$-$
X_{17}	8	f	$+$ 744	$-$	$+$10342	$-$	$-$ 4752	$+$	$+$12284	$-$
X_{18}		s	$-$ 710	$+$	$+$ 866	$+$	$-$ 2715	$+$	$+$ 1714	$-$
X_{19}		m	$+$ 54	$+$	$+$ 504	$+$	$-$ 525	$-$	$+$ 407	$+$
		g	$-$ 20	$-$	$+$10704	$+$	$-$ 6942	$-$	$+$13591	$+$
X_{20}	9	g	$+$ 3509	$-$	$-$ 2404	$+$	$+$12246	$-$	$-$ 5608	$+$
X_{21}		u	$-$ 388	$+$	$-$ 2420	$+$	$+$ 1477	$-$	$+$ 348	$+$
X_{22}		o	$+$ 210	$+$	$-$ 522	$-$	$+$ 277	$+$	$-$ 60	$-$
		h	$+$ 2911	$+$	$-$ 4302	$-$	$+$13446	$+$	$-$ 5896	$-$

42 Berechnung eines Rhombenfachwerks als 72fach statisch unbestimmtes Stabwerk.

Tafel 13. (Fortsetzung.) Zusammenstellung sämtlicher Stabmomente.

Moment	Andere Bezeichnung:		Belastungsfall							
	Moment im Punkte	Anschließender Stab	5		4		3		2	
			cmkg		cmkg		cmkg		cmkg	
X_{23}		h	+ 9792	−	+10388	−	− 2582	+	+ 2303	−
X_{24}		w	− 149	+	+ 382	−	− 71	+	− 44	+
	10	z	0		+ 373	−	+ 349	−	+ 46	−
$\overline{X}_{24}$		$\overline{w}$	− 149	−	+ 110	+	− 299	−	+ 10	+
$\overline{X}_{23}$		$\overline{h}$	+ 9792	+	+11033	+	− 2005	−	+ 2295	+
$\overline{X}_{22}$		$\overline{h}$	+ 2911	−	− 934	+	+ 1472	−	+ 333	−
$\overline{X}_{21}$	$\overline{9}$	$\overline{o}$	+ 210	−	+ 112	−	+ 28	−	+ 112	−
$\overline{X}_{20}$		$\overline{u}$	− 388	−	− 612	−	− 96	−	+ 37	+
		$\overline{g}$	+ 3509	+	− 210	−	+ 1596	+	+ 408	+
$\overline{X}_{19}$		$\overline{g}$	− 20	+	+ 926	−	− 1556	−	+ 203	−
$\overline{X}_{18}$	$\overline{8}$	$\overline{m}$	+ 54	−	+ 49	−	+ 72	−	− 17	+
$\overline{X}_{17}$		$\overline{s}$	− 710	−	− 359	−	− 12	−	− 296	−
		$\overline{f}$	+ 744	+	+ 1334	+	+ 1640	+	+ 482	+
$\overline{X}_{16}$		$\overline{f}$	+ 1297	−	+ 363	−	+ 793	−	− 2269	+
$\overline{X}_{15}$	$\overline{7}$	$\overline{k}$	+ 491	−	+ 288	−	+ 287	−	− 171	−
$\overline{X}_{14}$		$\overline{q}$	+ 442	+	+ 135	−	+ 1866	+	− 4166	−
		$\overline{e}$	+ 1346	+	+ 786	+	− 786	−	+ 1726	+
$\overline{X}_{13}$	$\overline{6}$	$\overline{e}$	− 711	+	− 373	+	− 1426	+	+ 2283	−
		$\overline{y}$	− 711	−	− 373	−	− 1426	−	+ 2283	+
X_{25}		y	+ 195	+	+ 152	+	− 1878	−	+ 5641	+
X_{26}	11	q	− 885	−	− 137	−	− 2153	−	+ 979	+
X_{27}		i	+ 4	+	− 216	−	+ 632	+	− 1597	−
		x	− 686	+	− 201	+	− 3399	+	+ 5023	−
X_{28}		k	− 362	+	+ 22	−	− 1795	+	+ 2138	−
X_{29}	12	s	+ 640	+	− 577	−	+ 3539	+	− 3389	−
X_{30}		l	+ 54	+	+ 467	+	− 422	−	− 221	−
		r	+ 1056	+	− 132	+	+ 4912	+	− 5748	+
X_{31}		m	− 55	−	− 745	+	+ 717	−	− 345	+
X_{32}	13	u	+ 295	+	+ 3007	+	− 2000	−	+ 1255	+
X_{33}		n	+ 158	+	− 334	−	+ 64	+	+ 131	+
		t	+ 508	+	+ 3418	−	− 2653	+	+ 1731	−
X_{34}		o	− 252	+	+ 656	−	− 306	+	+ 28	−
X_{35}	14	w	+ 435	+	− 697	−	+ 502	+	− 18	−
X_{36}		p	+ 32	+	− 108	−	+ 201	+	− 45	−
		v	+ 719	−	− 1461	+	+ 1009	+	− 91	+
$\overline{X}_{36}$		$\overline{v}$	+ 719	+	+ 514	+	+ 249	+	+ 203	+
$\overline{X}_{35}$	$\overline{14}$	$\overline{p}$	+ 32	−	+ 270	−	− 5	+	+ 52	−
$\overline{X}_{34}$		$\overline{w}$	+ 435	−	+ 152	−	+ 194	−	+ 67	−
		$\overline{o}$	− 252	−	− 86	−	− 60	−	− 84	−
$\overline{X}_{33}$		$\overline{t}$	+ 508	+	+ 645	+	+ 281	+	− 128	−
$\overline{X}_{32}$	$\overline{13}$	$\overline{n}$	+ 158	+	+ 146	+	+ 55	+	+ 39	+
$\overline{X}_{31}$		$\overline{u}$	+ 295	−	+ 426	−	+ 169	−	− 129	+
		$\overline{m}$	− 55	−	− 73	−	− 57	−	− 38	+
$\overline{X}_{30}$		$\overline{r}$	+ 1056	+	+ 601	+	+ 400	+	+ 199	+
$\overline{X}_{29}$	$\overline{12}$	$\overline{l}$	+ 54	+	+ 43	+	+ 65	−	+ 9	+
$\overline{X}_{28}$		$\overline{s}$	+ 640	−	+ 347	−	+ 167	−	+ 221	−
		$\overline{k}$	− 362	−	− 211	−	− 168	−	+ 31	+
$\overline{X}_{27}$		$\overline{x}$	− 686	−	+ 186	+	+ 499	+	− 1639	−
$\overline{X}_{26}$	$\overline{11}$	$\overline{i}$	+ 4	−	0		− 136	+	+ 306	−
$\overline{X}_{25}$		$\overline{q}$	− 885	+	− 338	−	− 2099	−	+ 3611	−
		$\overline{y}$	+ 195	−	− 152	+	+ 2734	−	− 5556	+

Die Einflußlinien für die Stabendmomente.

Zahlentafel 14. Ordinaten der Einflußlinien für die Stabmomente.
(Bewegl. Last = 1 t; Momente in t·cm.)

		\multicolumn{7}{c}{Last 1 t im Punkte:}						
		2	3	4	5	$\bar{4}$	$\bar{3}$	$\bar{2}$
M_1	x	+ 0,848	+ 2,562	+ 1,736	+ 1,317	+ 0,944	+ 0,220	+ 0,786
	a	− 0,848	− 2,562	− 1,736	− 1,317	− 0,944	− 0,220	− 0,786
M_2	a	+26,112	− 9,343	+ 7,724	+ 0,952	+ 0,760	− 0,214	− 0,580
	i	+ 1,089	− 0,723	+ 0,086	− 0,120	− 0,082	+ 0,009	− 0,193
	r	+ 3,865	− 0,374	+ 0,519	+ 0,231	+ 0,222	+ 0,028	− 0,250
	b	+23,336	− 9,692	+ 7,291	+ 0,601	+ 0,456	− 0,233	− 0,523
M_3	b	−14,359	+19,164	− 7,767	+ 2,895	+ 2,406	− 1,125	− 0,250
	l	+ 0,042	+ 0,626	− 0,589	− 0,030	− 0,013	+ 0,048	− 0,041
	t	− 2,012	+ 2,101	− 0,711	− 0,050	− 0,248	+ 0,024	+ 0,004
	c	−12,305	+17,689	− 7,645	+ 2,915	+ 2,641	− 1,053	− 0,295
M_4	c	+ 6,246	− 8,688	+14,135	− 2,471	− 5,323	− 0,269	+ 0,302
	n	− 0,105	− 0,022	+ 0,279	− 0,211	− 0,235	− 0,068	− 0,031
	v	+ 0,247	− 0,744	+ 0,548	+ 0,060	− 0,577	+ 0,034	− 0,035
	d	+ 5,894	− 7,966	+13,866	− 2,742	− 4,981	− 0,371	+ 0,306
M_5	d	− 1,067	+ 5,361	− 3,963	+12,111	− 2,653	+ 5,331	− 0,797
	p	+ 0,057	− 0,121	+ 0,153	+ 0,070	− 0,340	+ 0,043	− 0,061
	z	− 0,152	− 0,134	− 0,816	0	+ 0,816	+ 0,134	+ 0,152
	$\bar{p}$	\multicolumn{7}{l}{}						
	$\bar{d}$	\multicolumn{7}{l}{wie M_{5p} und M_{5d}}						
M_6	y	− 2,975	− 0,517	− 0,624	− 0,711	− 0,373	− 1,426	+ 2,283
	e	− 2,975	− 0,517	− 0,624	− 0,711	− 0,373	− 1,426	+ 2,283
M_7	e	−10,671	+ 9,964	− 2,804	+ 1,346	+ 0,786	− 0,786	+ 1,726
	q	− 7,586	+ 4,628	− 2,398	+ 0,442	− 0,135	+ 1,866	− 4,166
	k	− 3,115	+ 2,408	+ 0,038	+ 0,491	+ 0,288	+ 0,287	− 0,171
	f	−15,142	+12,184	− 5,240	+ 1,297	+ 0,363	+ 0,793	− 2,269
M_8	f	+12,284	− 4,752	+10,342	+ 0,744	+ 1,334	+ 1,640	+ 0,482
	s	+ 1,714	− 2,715	+ 0,866	− 0,710	− 0,359	− 0,012	− 0,296
	m	+ 0,407	− 0,525	+ 0,504	+ 0,054	+ 0,049	+ 0,072	− 0,017
	g	+13,591	− 6,942	+10,704	− 0,020	+ 0,926	+ 1,556	+ 0,203
M_9	g	− 5,608	+12,246	− 2,404	+ 3,509	− 0,210	+ 1,596	+ 0,408
	u	− 0,348	+ 1,477	− 2,420	− 0,388	− 0,612	− 0,096	+ 0,037
	o	− 0,060	+ 0,277	− 0,522	+ 0,210	+ 0,112	+ 0,028	+ 0,112
	h	− 5,896	+13,446	− 4,302	+ 2,911	− 0,934	+ 1,472	+ 0,333
M_{10}	h	+ 2,303	− 2,582	+10,388	+ 9,792	+11,033	− 2,005	+ 2,295
	w	− 0,044	− 0,071	+ 0,382	− 0,149	+ 0,110	− 0,299	+ 0,010
	z	+ 0,046	+ 0,349	+ 0,373	0	− 0,373	− 0,349	− 0,046
	$\bar{w}$	\multicolumn{7}{l}{}						
	$\bar{h}$	\multicolumn{7}{l}{wie M_{10w} und M_{10h}}						
M_{11}	y	+ 5,641	− 1,878	− 0,152	+ 0,195	− 0,152	+ 2,734	− 5,556
	q	+ 0,979	− 2,153	− 0,137	− 0,885	− 0,338	− 2,099	+ 3,611
	i	− 1,597	+ 0,632	− 0,216	+ 0,004	0	− 0,136	+ 0,306
	x	+ 5,023	− 3,399	− 0,201	− 0,686	+ 0,186	+ 0,499	− 1,639
M_{12}	k	+ 2,138	− 1,795	+ 0,022	− 0,362	− 0,211	− 0,168	+ 0,031
	s	− 3,389	+ 3,539	− 0,577	+ 0,640	+ 0,347	+ 0,167	+ 0,221
	l	− 0,221	− 0,422	+ 0,467	+ 0,054	+ 0,043	+ 0,065	+ 0,009
	r	− 5,748	+ 4,912	− 0,132	+ 1,056	+ 0,601	+ 0,400	+ 0,199
M_{13}	m	− 0,345	+ 0,717	− 0,745	− 0,055	− 0,073	− 0,057	+ 0,038
	u	+ 1,255	− 2,000	+ 3,007	+ 0,295	+ 0,426	+ 0,169	− 0,129
	n	+ 0,131	+ 0,064	− 0,334	+ 0,158	+ 0,146	+ 0,055	+ 0,039
	t	+ 1,731	− 2,653	+ 3,418	+ 0,508	+ 0,645	+ 0,281	+ 0,128
M_{14}	o	+ 0,028	− 0,306	+ 0,656	− 0,252	− 0,086	+ 0,060	− 0,084
	w	− 0,018	+ 0,502	− 0,697	+ 0,435	+ 0,152	+ 0,194	+ 0,067
	p	− 0,045	+ 0,201	− 0,108	− 0,032	+ 0,276	+ 0,005	+ 0,052
	v	− 0,091	+ 1,009	− 1,461	+ 0,719	+ 0,514	+ 0,249	+ 0,203

Das Vorzeichen ist positiv, wenn die Momente in den in Abb. 8 (siehe S. 7) gestrichelten Seiten Zug hervorrufen.

44 Berechnung eines Rhombenfachwerks als 72fach statisch unbestimmtes Stabwerk.

Zahlentafel 15. Gegenüberstellung der Stabkräfte S_0 im Fachwerk und der Stabkräfte S im 72fach statisch unbestimmten Stabwerk für die 7 Belastungsfälle.

(Alle Stabkräfte in kg.)

Stab	Belastungsfall: 5		4a		3a		2a		4b		3b		2b		Stab
	S_0	S	S_0	S	S_0	S	S_0	S	S_0	S	S_0	S	S_0	S	
a	0	+ 5,6	0	+ 7,5	0	+ 3,6	0	+ 7,1	0	+ 2,0	0	+ 15,5	0	+ 23,1	a
b	+ 500	+ 477,8	+ 500	+ 528,7	+ 500	+ 399,2	0	+ 132,2	+ 142,9	+ 182,2	+ 285,7	+ 193,2	+ 71,4	+ 58,6	b
c	+ 1000	+ 1023,7	+ 1000	+ 908,5	+ 500	+ 648,0	+ 500	+ 288,7	+ 285,7	+ 178,5	+ 71,4	+ 220,6	+ 357,1	+ 145,3	c
d	+ 1500	+ 1418,3	+ 1000	+ 1123,0	+ 1000	+ 772,7	0	+ 242,5	+ 71,4	+ 68,5	+ 357,1	+ 153,7	+ 214,3	+ 29,7	d
e	0	− 4,5	0	− 2,2	0	− 7,0	0	+ 1,9	0	− 1,1	0	+ 13,8	0	− 41,1	e
f	− 500	− 504,9	− 500	− 460,8	− 500	− 565,9	− 500	− 370,8	− 142,9	− 104,6	− 285,7	− 353,6	− 428,6	− 293,8	f
g	− 1000	− 964,2	− 1000	− 1067,4	− 1000	− 833,5	0	− 204,9	− 285,7	− 366,7	− 571,4	− 414,7	− 142,9	− 63,6	g
h	− 1500	− 1524,2	− 1500	− 1354,8	− 500	− 709,2	− 500	− 253,1	− 428,6	− 274,5	− 142,9	− 54,4	− 285,7	− 43,3	h
i	+ 353,6	+ 329,7	+ 353,6	+ 334,8	+ 353,6	+ 321,8	+ 353,6	+ 353,5	+ 101,0	+ 97,3	+ 202,0	+ 170,8	+ 303,0	+ 310,5	i
k	+ 353,6	+ 366,8	+ 353,6	+ 304,2	+ 353,6	+ 448,1	+ 353,6	+ 190,8	+ 101,0	+ 49,9	+ 202,0	+ 297,5	+ 303,0	+ 142,8	k
l	+ 353,6	+ 374,5	+ 353,6	+ 302,5	+ 353,6	+ 469,5	+ 353,6	+ 166,5	+ 101,0	+ 44,5	+ 202,0	+ 317,9	+ 303,0	+ 120,0	l
m	+ 353,6	+ 312,8	+ 353,6	+ 454,0	+ 353,6	+ 146,7	+ 353,6	+ 65,9	+ 101,0	+ 212,7	+ 202,0	+ 9,2	+ 404,1	− 113,8	m
n	+ 353,6	+ 317,2	+ 353,6	+ 477,8	+ 353,6	+ 133,0	− 353,6	− 57,0	+ 101,0	+ 226,2	+ 202,0	+ 15,7	+ 404,1	− 103,9	n
o	+ 353,6	+ 387,7	+ 353,6	+ 155,7	+ 353,6	+ 48,0	− 353,6	+ 5,9	− 101,0	+ 85,7	+ 505,1	− 220,1	− 303,0	− 40,2	o
p	+ 353,6	+ 392,0	+ 353,6	+ 152,3	− 353,6	− 42,7	− 353,6	− 5,8	− 101,0	+ 93,2	− 505,1	− 217,2	+ 303,0	− 41,3	p
q	− 353,6	− 342,6	− 353,6	− 339,8	− 353,6	− 353,2	− 353,6	− 311,8	− 101,0	− 92,8	− 202,0	− 220,0	− 303,0	− 221,9	q
r	− 353,6	− 334,3	− 353,6	− 398,3	− 353,6	− 232,3	− 353,6	− 172,1	− 101,0	− 157,3	− 202,0	− 86,9	− 404,1	− 211,5	r
s	− 353,6	− 331,6	− 353,6	− 399,3	− 353,6	− 222,4	− 353,6	− 162,9	− 101,0	− 159,9	− 202,0	− 78,2	− 404,1	− 203,1	s
t	− 353,6	− 399,4	− 353,6	− 244,0	+ 353,6	+ 125,7	+ 353,6	+ 60,5	+ 101,0	+ 45,8	+ 505,1	+ 286,0	+ 303,0	+ 9,9	t
u	− 353,6	− 400,3	− 353,6	− 241,2	+ 353,6	+ 123,4	+ 353,6	+ 59,8	+ 101,0	+ 49,6	+ 505,1	+ 283,6	+ 303,0	− 8,7	u
v	− 353,6	− 242,0	+ 353,6	+ 175,5	+ 353,6	+ 46,6	+ 353,6	+ 9,2	+ 606,1	+ 385,5	− 202,0	+ 76,1	+ 404,1	+ 61,0	v
w	− 353,6	− 240,2	+ 353,6	+ 173,2	− 353,6	− 45,9	+ 353,6	+ 9,4	+ 606,1	+ 384,6	− 202,0	+ 76,4	+ 404,1	+ 60,9	w
x	− 500	− 488,7	− 500	− 472,1	− 500	− 516,9	− 500	− 432,1	− 142,9	− 123,5	− 285,7	− 302,7	− 428,6	− 361,7	x
y	0	− 10,3	0	− 2,6	0	− 27,8	0	− 20,6	0	+ 8,4	0	− 24,6	0	+ 17,8	y
z	+ 500	+ 371,1	− 500	− 175,6	+ 500	+ 13,4	− 500	− 12,0	0	0	0	0	0	0	z

Die Stabkräfte in der rechten Trägerhälfte sind ebenso groß wie die der linken.

Die Stabkräfte sind ebenso groß wie die Stabkräfte der rechten Trägerhälfte sind ebenso groß, jedoch mit entgegengesetztem Vorzeichen.

lichen Stabkräfte gegenüber den auf Grund der Fachwerktheorie ermittelten und bisher als hinreichend richtig betrachteten Zahlen. Durch sinngemäße Addition der Belastungsfälle a und b ergeben sich die in Zahlentafel 16 (siehe S. 47) gegenübergestellten Stabkräfte S_0 und S für die Belastungsfälle 2, 3, 4 und 5. Die auf Grund dieser Zahlentafel zusammengestellten Einflußlinienordinaten sämtlicher Stabkräfte sind aus Zahlentafel 17 (siehe S. 49) zu entnehmen. Die meisten und wichtigsten Einflußlinien sind außerdem in den Abb. 13 und 14 (siehe S. 46 und 48) aufgetragen. Hier sind die Einflußlinien der Werte S_0 und S übereinander gezeichnet, so daß sich der erhebliche Unterschied der Einflußlinien des Gelenkfachwerks und derjenigen des steifknotigen Trägers anschaulich erkennen läßt. Bemerkenswert ist der Ausgleich des stark zackigen Verlaufes der S_0-Linien durch die S-Linien, ferner das Abklingen des Einflusses der Belastung beim Mittelständer und schließlich die Tatsache, daß die Einflußlinien für die Schrägen immer da ihre größten Ordinaten haben, wo die Schräge mit dem Lastgurt zusammenstößt.

Die Flächeninhalte der Einflußflächen, die für die Ermittlung der Stabkräfte aus Eigengewicht oder einer gleichmäßig verteilten Nutzlast benötigt werden, sind bei jeder Einflußlinie angegeben. Daneben sind die entsprechenden Werte der S_0-Einflußflächen in Klammern gesetzt. Die Abweichungen nach der positiven und der negativen Seite heben sich vielfach auf, so daß die Unterschiede der Einflußflächen nicht so groß sind wie die der einzelnen Ordinaten.

Die Einflußlinien für die Normalkräfte lassen erkennen, daß eine weitgehende Genauigkeit beim Auswerten der S_0-Linien, die man ja allein in der Praxis der Bemessung der Querschnitte zugrunde legt, beim Rhombenfachwerk nicht am Platze ist. Es muß dem statischen Empfinden des Bearbeiters einer solchen Brücke mehr Spielraum gelassen werden, als es in der Regel der Fall ist.

g) Die Einflußlinien für die Spannungen.

Aus den Einflußlinien für Momente und Normalkräfte sollen nun noch für einige wichtige Stäbe durch Umrechnung die Einflußlinien für die Nebenspannungen und für die Grundspannungen ermittelt werden. Nebenspannungen sind die aus den Momenten errechneten Randspannungen, also die infolge der Stabverbiegung entstehenden Biegungsspannungen. Als Grundspannungen werden die aus den Normalkräften herrührenden Zug- und Druckspannungen bezeichnet. Erst die Einflußlinien für die Spannungen können in anschaulicher Weise Aufschluß geben über die Spannungsverhältnisse des untersuchten Tragwerks und können ein Urteil ermöglichen, ob man das Tragwerk seinem statischen Verhalten nach als verwerflich bezeichnen darf oder nicht.

Es wurden die drei Stäbe b, d und g untersucht, die im wesentlichen auch das Verhalten aller anderen Stäbe veranschaulichen. Die Einflußlinienordinaten sind in Zahlentafel 18 (siehe S. 52) zusammengestellt und in den Abb. 15 bis 17 (siehe S. 50 und 51) aufgetragen. Es bedeuten dort:

$\sigma_G = $ Grundspannung (Zeile 1 in Zahlentafel 18),

$\sigma_N = $ Nebenspannung (Zeile 2 und 3),

$\sigma\ = \sigma_G + \sigma_N = $ Gesamtspannung (Zeile 4 bis 7).

46 Berechnung eines Rhombenfachwerks als 72fach statisch unbestimmtes Stabwerk.

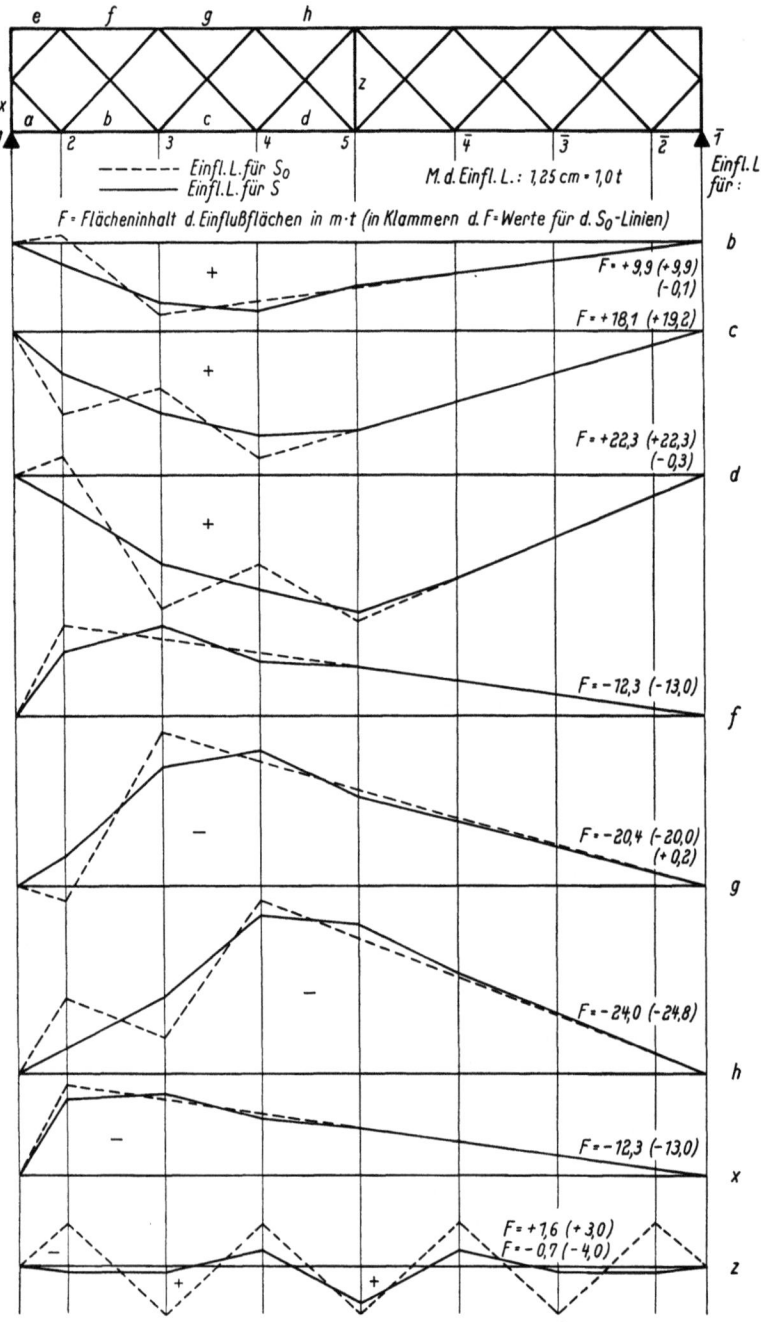

Abb. 13. Einflußlinien für die Stabkräfte S_0 und S.

Die Einflußlinien für die Spannungen.

Zahlentafel 16.

Gegenüberstellung der Stabkräfte S_0 im Fachwerk und der Stabkräfte S im 72fach statisch unbestimmten Stabwerk für die 4 Belastungsfälle 2, 3, 4 und 5.
(Alle Stabkräfte in kg).

Stab	Belastungsfall: 2		3		4		5		Stab
	S_0	S	S_0	S	S_0	S	S_0	S	
a	0	− 16,0	0	+ 19,1	0	+ 9,5	0	+ 5,6	a
b	− 71,4	+ 190,8	+ 785,7	+ 592,4	+ 642,9	+ 710,9	+ 500,0	+ 477,8	b
c	+ 857,1	+ 434,0	+ 571,4	+ 868,6	+1285,7	+1087,0	+1000,0	+1023,7	c
d	− 214,3	+ 272,2	+1357,1	+ 926,4	+ 928,6	+1191,5	+1500,0	+1418,3	d
e	0	− 43,0	0	+ 6,8	0	− 3,3	0	− 4,5	e
f	− 928,6	− 664,6	− 785,7	− 919,5	− 642,9	− 565,4	− 500,0	− 504,9	f
g	+ 142,9	− 268,5	−1571,4	−1248,2	−1285,7	−1434,1	−1000,0	− 964,2	g
h	− 785,7	− 296,4	− 357,1	− 763,6	−1928,6	−1629,7	−1500,0	−1524,2	h
i	+ 656,6	+ 664,0	+ 555,6	+ 492,6	+ 454,6	+ 432,1	+ 353,6	+ 329,7	i
k	+ 656,6	+ 333,6	+ 555,6	+ 746,0	+ 454,6	+ 354,1	+ 353,6	+ 366,8	k
l	+ 656,6	+ 286,5	+ 555,6	+ 787,4	+ 454,6	+ 347,0	+ 353,6	+ 374,5	l
m	− 757,7	− 179,7	+ 555,6	+ 146,5	+ 454,6	+ 666,7	+ 353,6	+ 312,8	m
n	− 757,7	− 160,9	+ 555,6	+ 117,3	+ 454,6	+ 704,0	+ 353,6	+ 317,2	n
o	+ 656,6	− 34,3	− 858,7	− 268,1	+ 454,6	+ 70,0	+ 353,6	+ 387,7	o
p	+ 656,6	− 35,5	− 858,7	− 259,9	+ 454,6	+ 59,1	+ 353,6	+ 392,0	p
q	− 656,6	− 533,7	− 555,6	− 573,2	− 454,6	− 432,6	− 353,6	− 342,6	q
r	+ 757,7	+ 383,6	− 555,6	− 319,2	− 454,6	− 555,6	− 353,6	− 334,3	r
s	+ 757,7	+ 366,0	− 555,6	− 300,6	− 454,6	− 559,2	− 353,6	− 331,6	s
t	− 656,6	− 70,4	+ 858,7	+ 411,7	− 454,6	− 198,2	− 353,6	− 399,4	t
u	− 656,6	− 68,5	+ 858,7	+ 407,0	− 454,6	− 191,6	− 353,6	− 400,3	u
v	+ 757,7	+ 70,2	− 555,6	+ 29,5	+ 959,7	+ 561,0	− 353,6	− 242,0	v
w	+ 757,7	+ 70,3	− 555,6	+ 30,5	+ 959,7	+ 557,3	− 353,6	− 240,2	w
x	− 928,6	− 793,8	− 785,7	− 819,6	− 642,9	− 595,6	− 500,0	− 488,7	x
y	0	+ 38,4	0	− 52,4	0	+ 11,0	0	− 10,3	y
z	− 500,0	+ 12,0	+ 500,0	+ 13,4	− 500,0	− 175,6	+ 500,0	+ 371,1	z
$\bar{y}$	0	+ 2,8	0	− 3,2	0	− 5,8	0	− 10,3	$\bar{y}$
$\bar{x}$	− 71,4	− 70,4	− 214,3	− 214,2	− 357,1	− 348,6	− 500,0	− 488,7	$\bar{x}$
$\bar{w}$	− 50,5	− 51,5	− 151,6	− 122,3	− 252,5	− 211,4	− 353,6	− 240,2	$\bar{w}$
$\bar{v}$	− 50,5	− 51,8	− 151,6	− 122,7	− 252,5	− 210,0	− 353,6	− 242,0	$\bar{v}$
$\bar{u}$	− 50,6	− 51,1	− 151,5	− 160,2	− 252,6	− 290,8	− 353,6	− 400,3	$\bar{u}$
$\bar{t}$	− 50,6	− 50,6	− 151,5	− 160,3	− 252,6	− 289,8	− 353,6	− 399,4	$\bar{t}$
$\bar{s}$	− 50,5	− 40,2	− 151,6	− 144,2	− 252,6	− 239,4	− 353,6	− 331,6	$\bar{s}$
$\bar{r}$	− 50,5	− 39,4	− 151,6	− 145,4	− 252,6	− 241,0	− 353,6	− 334,3	$\bar{r}$
$\bar{q}$	− 50,6	− 89,9	− 151,6	− 133,2	− 252,6	− 247,0	− 353,6	− 342,6	$\bar{q}$
$\bar{p}$	+ 50,6	+ 35,5	+ 151,5	+ 174,5	+ 252,6	+ 245,5	+ 353,6	+ 392,0	$\bar{p}$
$\bar{o}$	+ 50,6	+ 34,3	+ 151,5	+ 172,1	+ 252,6	+ 241,4	+ 353,6	+ 387,7	$\bar{o}$
$\bar{n}$	+ 50,5	+ 46,9	+ 151,6	+ 148,7	+ 252,6	+ 251,6	+ 353,6	+ 317,2	$\bar{n}$
$\bar{m}$	+ 50,5	+ 47,9	+ 151,6	+ 146,9	+ 252,6	+ 241,3	+ 353,6	+ 312,8	$\bar{m}$
$\bar{l}$	+ 50,6	+ 46,5	+ 151,6	+ 151,6	+ 252,6	+ 258,0	+ 353,6	+ 374,5	$\bar{l}$
$\bar{k}$	+ 50,6	+ 48,0	+ 151,6	+ 150,2	+ 252,6	+ 254,3	+ 353,6	+ 366,8	$\bar{k}$
$\bar{i}$	+ 50,6	+ 43,0	+ 151,6	+ 151,0	+ 252,6	+ 237,5	+ 353,6	+ 329,7	$\bar{i}$
$\bar{h}$	− 214,3	− 209,8	− 642,9	− 654,8	−1071,4	−1079,9	−1500,0	−1524,2	$\bar{h}$
$\bar{g}$	− 142,9	− 141,3	− 428,6	− 418,8	− 714,3	− 700,7	−1000,0	− 964,2	$\bar{g}$
$\bar{f}$	− 71,4	− 77,0	− 214,3	− 212,3	− 357,1	− 356,2	− 500,0	− 504,9	$\bar{f}$
$\bar{e}$	0	+ 39,2	0	− 20,8	0	− 1,1	0	− 4,5	$\bar{e}$
$\bar{d}$	+ 214,3	+ 212,8	+ 642,9	+ 619,0	+1071,4	+1054,5	+1500,0	+1418,3	$\bar{d}$
$\bar{c}$	+ 142,9	+ 143,4	+ 428,6	+ 427,4	+ 714,3	+ 730,0	+1000,0	+1023,7	$\bar{c}$
$\bar{b}$	+ 71,4	+ 73,6	+ 214,3	+ 206,0	+ 357,1	+ 346,5	+ 500,0	+ 477,8	$\bar{b}$
$\bar{a}$	0	+ 30,2	0	+ 11,9	0	+ 5,5	0	+ 5,6	$\bar{a}$

48 Berechnung eines Rhombenfachwerks als 72fach statisch unbestimmtes Stabwerk.

Es ist also z. B. σ_{d_4} die Summe von Grund- und Nebenspannung im Stabe d dicht am Knotenpunkt 4 im oberen oder unteren Rand. Mit positivem Vorzeichen sind die Zugspannungen bezeichnet.

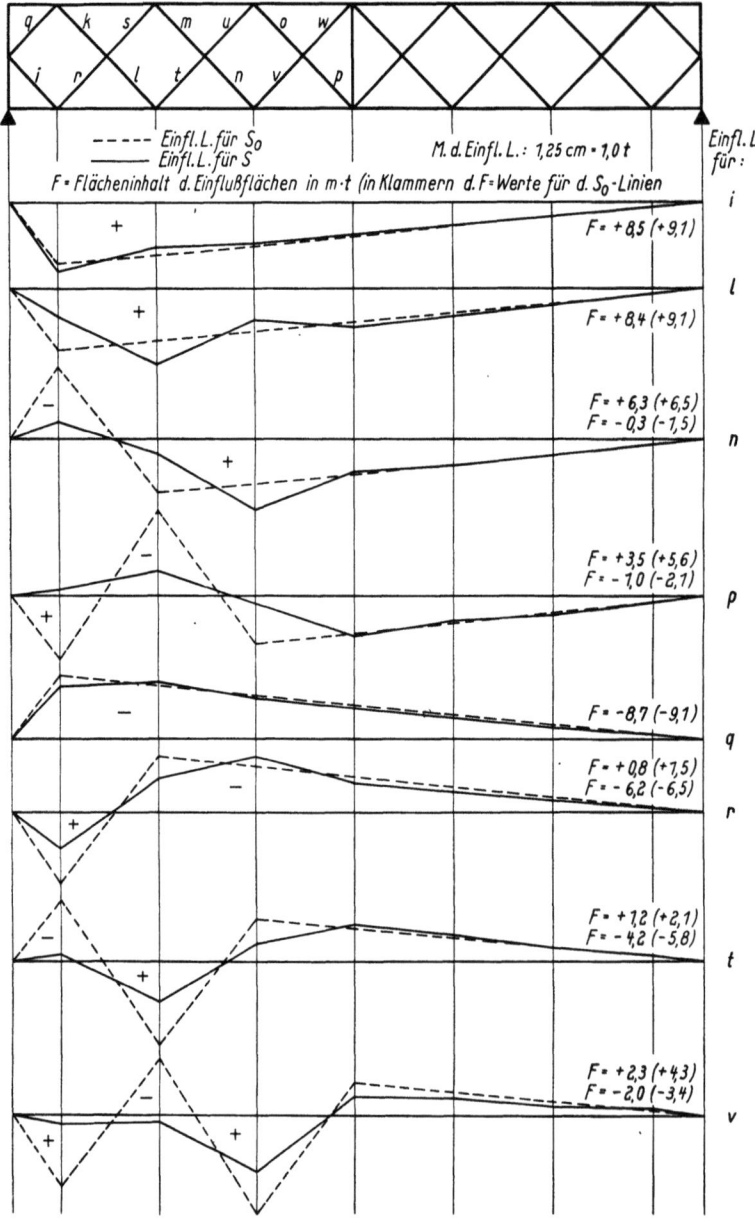

Abb. 14. Einflußlinien für die Stabkräfte S_0 und S.

Im folgenden werden die Spannungsverhältnisse im Stabe b noch näher untersucht, weil gerade dieser Stab die ungünstigsten Einflußlinien hat. In den mehr in der Mitte liegenden Stäben herrschen günstigere Verhältnisse. Der im Stabe b am ungünstigsten beanspruchte Punkt ist, wie man aus den Einfluß-

Die Einflußlinien für die Spannungen.

Zahlentafel 17. Ordinaten der Einflußlinien für die Stabkräfte S_0 im Fachwerk und die Stabkräfte S im 72fach statisch unbestimmten Stabwerk. (Bewegliche Last = 1,0 t; Ordinaten in t.)

Last 1 t im Punkte:	2		3		4		5		$\bar{4}$		$\bar{3}$		$\bar{2}$		
	S_0	S	S_0	S	S_0	S	S_0	S	S_0	S	S_0	S	S_0	S	
a	0	−0,016	0	−0,019	0	−0,010	0	−0,006	0	+0,006	0	−0,012	0	+0,030	a
b	−0,071	−0,191	+0,786	+0,592	+0,643	+0,711	+0,500	+0,478	+0,357	+0,347	+0,214	+0,206	+0,071	+0,074	b
c	+0,857	+0,434	+0,571	+0,869	+1,286	+1,087	+1,000	+1,024	+0,714	+0,730	+0,429	+0,427	+0,143	+0,143	c
d	−0,214	−0,272	+1,357	+0,926	+0,929	+1,192	+1,500	+1,418	+1,071	+1,055	+0,643	+0,619	+0,214	+0,213	d
e	0	−0,043	0	−0,007	0	−0,003	0	−0,005	0	−0,001	0	−0,021	0	+0,039	e
f	−0,929	−0,665	−0,786	−0,920	−0,643	−0,565	−0,500	−0,505	−0,357	−0,356	−0,214	−0,212	−0,071	+0,077	f
g	+0,143	−0,269	−1,571	−1,248	−1,286	−1,434	−1,000	−0,964	−0,714	−0,701	−0,429	−0,419	−0,143	−0,141	g
h	−0,786	−0,296	−0,357	−0,764	−1,929	−1,630	−1,500	−1,524	−1,071	−1,080	−0,643	−0,655	−0,214	−0,210	h
i	+0,657	+0,664	+0,556	+0,493	+0,455	+0,432	+0,354	+0,330	+0,253	+0,238	+0,152	+0,151	+0,051	+0,043	i
k	+0,657	+0,334	+0,556	+0,746	+0,455	+0,354	+0,354	+0,367	+0,253	+0,254	+0,152	+0,150	+0,051	+0,048	k
l	+0,657	+0,287	+0,556	+0,787	+0,455	+0,347	+0,354	+0,375	+0,253	+0,258	+0,152	+0,152	+0,051	+0,047	l
m	+0,758	+0,180	+0,556	+0,147	+0,455	+0,667	+0,354	+0,313	+0,253	+0,241	+0,152	+0,147	+0,051	+0,048	m
n	+0,758	+0,161	+0,556	+0,117	+0,455	+0,704	+0,354	+0,317	+0,253	+0,252	+0,152	+0,149	+0,051	+0,047	n
o	+0,657	+0,034	+0,859	+0,268	+0,455	+0,070	+0,354	+0,388	+0,253	+0,241	+0,152	+0,172	+0,051	+0,034	o
p	+0,657	−0,036	+0,859	−0,260	+0,455	+0,059	+0,354	−0,392	+0,253	−0,246	+0,152	−0,175	+0,051	−0,036	p
q	−0,657	−0,534	−0,556	−0,573	−0,455	−0,433	−0,354	−0,343	−0,253	−0,247	−0,152	−0,133	−0,051	−0,090	q
r	−0,758	−0,384	−0,556	−0,319	−0,455	−0,556	−0,354	−0,334	−0,253	−0,241	−0,152	−0,145	−0,051	−0,039	r
s	−0,758	−0,366	−0,556	−0,301	−0,455	−0,559	−0,354	−0,332	−0,253	−0,239	−0,152	−0,144	−0,051	−0,040	s
t	−0,657	−0,070	−0,859	−0,412	−0,455	−0,198	−0,354	−0,399	−0,253	−0,290	−0,152	−0,160	−0,051	−0,051	t
u	−0,657	−0,069	−0,859	−0,407	−0,455	−0,192	−0,354	−0,400	−0,253	−0,291	−0,152	−0,160	−0,051	−0,051	u
v	−0,758	+0,070	−0,556	+0,030	−0,960	+0,561	−0,354	+0,242	−0,253	+0,210	−0,152	+0,123	−0,051	+0,052	v
w	−0,758	+0,070	−0,556	−0,031	−0,960	−0,558	−0,354	−0,240	−0,253	−0,211	−0,152	−0,122	−0,051	−0,052	w
x	−0,929	−0,794	−0,786	−0,820	−0,643	−0,596	−0,500	−0,489	−0,357	−0,349	−0,214	−0,214	−0,071	−0,070	x
y	0	+0,038	0	−0,052	0	−0,011	0	−0,010	0	−0,006	0	−0,003	0	+0,003	y
z	−0,500	−0,012	+0,500	+0,013	−0,500	−0,176	−0,500	+0,371	−0,500	−0,176	+0,500	−0,013	−0,500	−0,012	z

Christiani, Rhombenfachwerk.   4

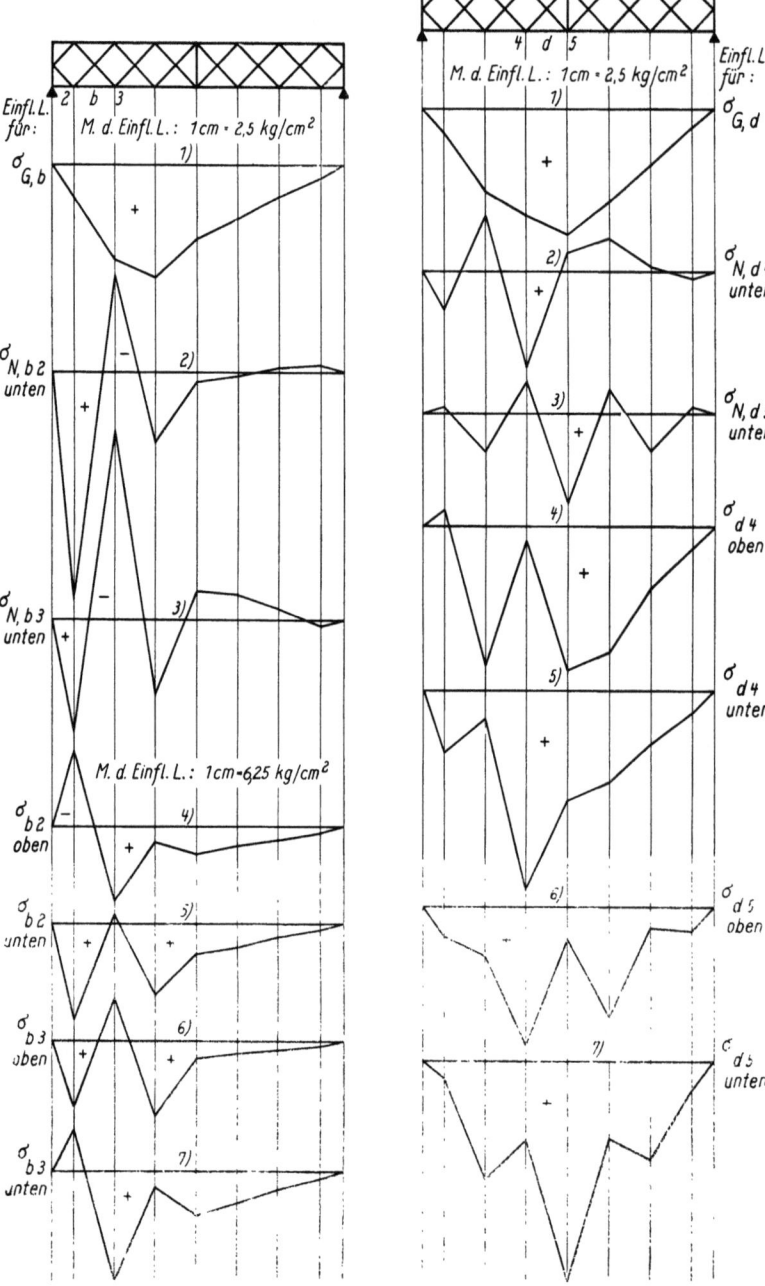

Abb. 15. Einflußlinien für die Spannungen in Stab „b".

Abb. 16. Einflußlinien für die Spannungen in Stab „d".

linien ohne weiteres erkennt, der Punkt „b_2 oben" (Zeile 4). Denn in diesem Punkte kann die Spannung ihr Vorzeichen wechseln, wenn ein Lastenzug die Brücke befährt. Die Einflußlinie geht in den ersten 4 m stark in den negativen Bereich hinein, und es ist möglich, daß gerade auf diesen 4 m die drei ersten Achsen der Lokomotive des Lastenzuges „N" stehen und daß im übrigen die Brücke unbelastet ist. Mit dieser denkbar ungünstigsten Belastung für den am ungünstigsten beanspruchten Punkt soll nun die Einflußlinie ausgewertet werden. Das Eigengewicht der Brücke beträgt 6,2 t/m, so daß auf einen Hauptträger $g = 3{,}1$ t/m entfallen. Die Einflußflächenwerte sind:

$$F_- = -12{,}2 \text{ m} \cdot \text{kg/cm}^2$$
$$F_+ = +44{,}6 \quad ,,$$
$$F_- + F_+ = +32{,}4 \quad ,,$$
$$\sigma_g = 32{,}4 \cdot 3{,}1 = +101 \text{ kg/cm}^2.$$

Die Auswertung für die oben angegebene Belastung mit Lastenzug „N" ergibt:

$$\sigma_P = \Sigma P\eta = -25\,(1{,}29 + 6{,}48 + 1{,}29)$$
$$= -225 \text{ kg/cm}^2.$$

In dem untersuchten Punkte herrscht somit bei der gewählten Belastung eine Druckspannung von $225 - 101 = 124$ kg/cm². Es ist also hier ein Vorzeichenwechsel der Spannung möglich. Alle anderen Einflußlinien aber lassen erkennen, daß Bewegung des Lastenzuges über die Brücke immer nur Zug- oder nur Druckspannungen auftreten.

Entgegen der vielfach verfochtenen Ansicht eines ständigen Vorzeichenwechsels der Spannungen beim Überfahren einer Rhombenfachwerkbrücke tritt hier in Wirklichkeit nur an einem Punkte am Brückenende bei ungünstigster Laststellung eine unbedeutende Druckspannung auf, die bei Weiterbewegung des Zuges rasch in Zugspannung übergeht, ohne dann nochmals das Vorzeichen zu wechseln. Man kann also sagen, daß in dem untersuchten

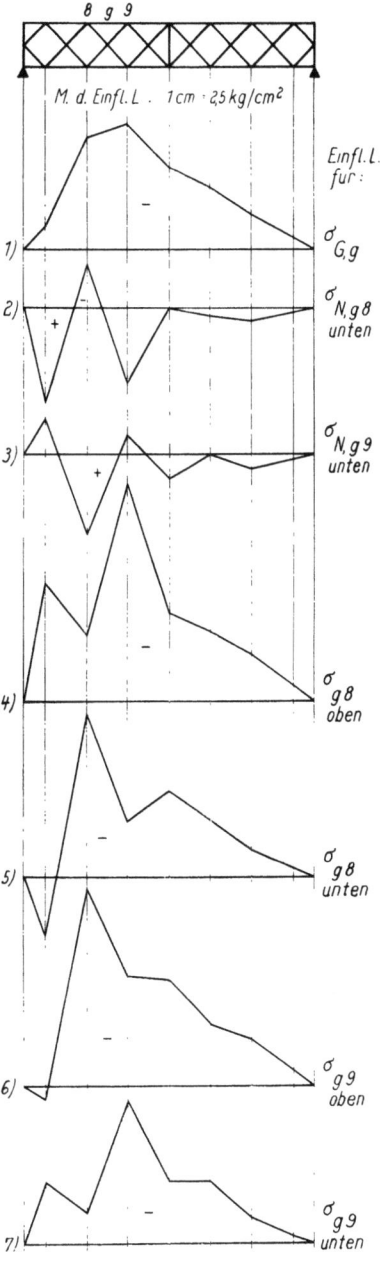

Abb. 17. Einflußlinien für die Spannungen im Stab „g".

52 Berechnung eines Rhombenfachwerks als 72fach statisch unbestimmtes Stabwerk.

Zahlentafel 18. Ordinaten der Einflußlinien für Grund- und Nebenspannungen
Ordinaten in kg/cm².

Stab „b" $F = 197$ cm², $W = 3115$ cm³.

1 t im Punkte		2	3	4	5	$\bar{4}$	$\bar{3}$	$\bar{2}$
1	σ_G	+ 0,97	+ 3,01	+ 3,62	+ 2,43	+ 1,76	+ 1,05	+ 0,38
2	σ_{Nb2}	$\mp$ 7,45	$\pm$ 3,10	$\mp$ 2,34	$\mp$ 0,19	$\mp$ 0,15	$\pm$ 0,07	$\pm$ 0,17
3	σ_{Nb3}	$\pm$ 4,60	$\mp$ 6,12	$\pm$ 2,48	$\mp$ 0,93	$\mp$ 0,77	$\mp$ 0,30	$\pm$ 0,08
4	σ_{b2} oben	− 6,48	+ 6,11	+ 1,28	+ 2,24	+ 1,61	+ 1,12	+ 0,55
5	σ_{b2} unten	+ 8,42	− 0,09	+ 5,96	+ 2,62	+ 1,91	+ 0,98	+ 0,21
6	σ_{b3} oben	+ 5,57	− 3,11	+ 6,10	+ 1,50	+ 0,99	+ 0,69	+ 0,46
7	σ_{b3} unten	− 3,63	+ 9,13	+ 1,14	+ 3,36	+ 2,53	+ 1,41	+ 0,30

Stab „d" $F = 346$ cm², $W = 4540$ cm³.

1 t im Punkte		2	3	4	5	$\bar{4}$	$\bar{3}$	$\bar{2}$
1	σ_G	+ 0,79	+ 2,68	+ 3,45	+ 4,10	+ 3,04	+ 1,79	+ 0,62
2	σ_{Nd4}	$\mp$ 1,32	$\pm$ 1,79	$\mp$ 3,12	$\pm$ 0,62	$\pm$ 1,12	$\pm$ 0,08	$\mp$ 0,07
3	σ_{Nd5}	$\pm$ 0,24	$\mp$ 1,21	$\pm$ 1,01	$\mp$ 3,08	$\pm$ 0,67	$\mp$ 1,20	$\pm$ 0,18
4	σ_{d4} oben	− 0,53	+ 4,47	+ 0,33	+ 4,72	+ 4,16	+ 1,87	+ 0,55
5	σ_{d4} unten	+ 2,11	+ 0,89	+ 6,57	+ 3,48	+ 2,92	+ 1,71	+ 0,69
6	σ_{d5} oben	+ 1,03	+ 1,47	+ 4,46	+ 1,02	+ 3,71	+ 0,59	+ 0,80
7	σ_{d5} unten	+ 0,55	+ 3,89	+ 2,44	+ 7,18	+ 2,37	+ 2,99	+ 0,44

Stab „g" $F = 346$ cm², $W = 4540$ cm³.

1 t im Punkte		2	3	4	5	$\bar{4}$	$\bar{3}$	$\bar{2}$
1	σ_G	− 0,78	− 3,60	− 4,14	− 2,78	− 2,03	− 1,21	− 0,41
2	σ_{Ng8}	$\mp$ 2,98	$\pm$ 1,52	$\mp$ 2,35	$\pm$ 0	$\mp$ 0,20	$\mp$ 0,34	$\mp$ 0,04
3	σ_{Ng9}	$\pm$ 1,23	$\mp$ 2,74	$\pm$ 0,53	$\mp$ 0,77	$\pm$ 0,05	$\mp$ 0,35	$\mp$ 0,09
4	σ_{g8} oben	− 3,76	− 2,08	− 6,49	− 2,78	− 2,23	− 1,55	− 0,45
5	σ_{g8} unten	+ 2,20	− 5,12	− 1,79	− 2,78	− 1,83	− 0,87	− 0,37
6	σ_{g9} oben	+ 0,45	− 6,34	− 3,61	− 3,55	− 1,98	− 1,56	− 0,50
7	σ_{g9} unten	− 2,01	− 0,86	− 4,67	− 2,01	− 2,08	− 0,86	− 0,32

Tragwerk, von geringfügigen Ausnahmen abgesehen, kein Spannungswechsel bei Belastung durch einen Lastenzug oder eine Lokomotive auftritt.

Auf Ermittlung der Spannungseinflußlinien für die Schrägen ist hier verzichtet worden, da deren Verhalten von untergeordneter Bedeutung im Vergleich zu den Gurtungen ist.

Das behandelte Beispiel läßt den Schluß zu, daß im Rhombenfachwerk bei weitem nicht so ungünstige Spannungsverhältnisse vorliegen, wie sie ihnen von mancher Seite zugeschrieben werden.

MIX
Papier aus verantwortungsvollen Quellen
Paper from responsible sources
FSC® C105338

If you have any concerns about our products,
you can contact us on
ProductSafety@springernature.com

In case Publisher is established outside the EU,
the EU authorized representative is:
**Springer Nature Customer Service Center GmbH
Europaplatz 3, 69115 Heidelberg, Germany**

Printed by Libri Plureos GmbH
in Hamburg, Germany